KB046517

우리의
태도가
과학적일
때

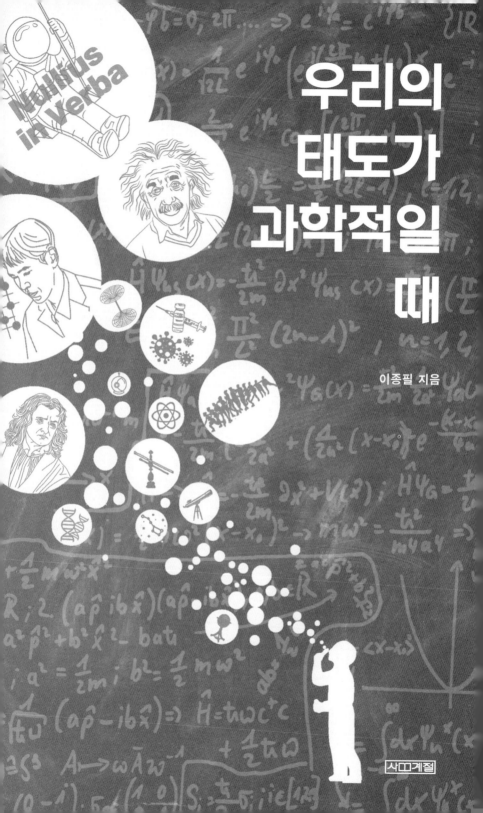

우리의
태도가
과학적일
때

이종필 지음

사계절

III. **과학하는 태도,
의심과 초협력**

IV. **21세기,** **일상으로서의
뉴노멀을 준비할 때**

나는 1990년 대학교에 입학해서 2001년 2월에 박사학위를 받았다. 모든 고등교육을 20세기에 마친 셈이다. 20세기가 끝나고 21세기가 시작되던 무렵, 2000년 12월 21일부터 2001년 1월 19일까지 나는 논산훈련소에서 전문연구요원으로 기초군사훈련을 받았다. 만으로 나이 서른이 되던 해의 시작을 군대에서 보냈다는 사실이 아주 유쾌하지는 않았지만, 전문연구요원이라는 병역특례제도의 혜택을 받은 것에 대해서는 아직도 감사한 마음을 갖고 있다. 기초군사훈련이 끝난 한 달쯤 뒤에 박사학위를 받고 21세기 첫 봄부터 전문연구요원으로서 박사 후 연구원 생활을 시작했다.

내가 연구하는 입자물리학 분야의 21세기는 대략 달력의 일정과 비슷하게 다가왔다. 유럽입자물리연구소CERN의 입자가속기였던 대형전자양전자충돌기Large Electron-Positron collider, LEP가 2000년에 가동을 중단했다. 이 입자가속기가 있던 둘레 27km 짜리 지하 터널에 새로운 입자가속기인 대형강입자충돌기Large Hadron Collider, LHC를 설치하기 위함이었다. LHC는 2008년에 완공해 시운전에 들어갔다. 이 입자가속기에서 2012년 대단히 중요한 입자가 발견되었다.

LHC가 완공되기 직전인 2007년 미국에서는 '스마트폰'이라는 신문물이 등장했다. 한국에는 석연찮은 이유로 2년 늦게 도입되었다. 업계의 지인들은 그 2년 동안 한국의 21세기가 지연되었다고 한숨을 지었다. 한국에 스마트폰이 도입된 이후 몇 년 동안 나는 새 제품이 나올 때마다 부지런히 신상 갈아타기를 반복했고 트위터나 페이스북에 열심이었다. 40대로 접어든 나이에도 나는 그렇게 '얼리어댑터'로서 21세기에 뒤처지지 않고 오히려 시대를 조금은 앞서며 살고 있다는 착각 속에 살았다.

나의 망상이 처절하게 부서진 것은 2016년 이세돌-알파고의 대국이었다. 공교롭게도 그때 나는 건국대학교에 신설된 교양대학에서 새로이 교양과학 과목들을 맡게 되었다. 이 책은 그날 나의 처참했던 심정에서부터 시작된다. 그전에는 아무렇지도 않게, 너무나 당연하다고 생각했던 주변의 모든 것들이 갑자기 낯설게 다가왔다. 가장 큰 충격은 내가 기껏해야 '20세기의 과학자'에 불과했다는 엄연한 사실(한동안 잊고 있었던)이었다. 지금 내 수업을 듣고 있는 학생들, 앞으로 알파고 시대를 살아가야 할 청춘들에게 기껏 20세기의 과학자가 무슨 가르침을 줄 수 있단 말인가. 요즘 말로 그 '현타(현실 자각 타임)'의 충격이 꽤 오래갔다. 나는 아직도 이 질문의 답을 찾고 있다. 이른바 4차 산업혁명은 내게 그렇게 다가왔다.

무엇을 어떻게 해야 할지 난감할 때는 네거티브 방식, 즉 무엇이 답이 아닌가부터 찾아서 제거하는 방식도 꽤 쓸모가 있다. 내가 찾은 출발점은 '한국형 천재'였다. 이제는 한국형 천재의 시대가 완전히 끝났구나. 그렇게 실마리를 찾고 나니 내 나름의 이야기를 조금씩 풀어 나갈 수 있었다. 그러다가 우연히 2018년 CBS의 강연 프로그램인「세상을 바꾸는 시간, 15분(세바시)」에 출연하게 되었다.「세바시」는 2013년에 이어 두 번째였다. 2018년 6월에 녹화한 강연에서는 '2018 나노가 여는 미래'라는 주제로 6명의 연사가 나설 예정이었다. 나노nano는 나와 별 상관이 없는 주제였는데 제작진에서는 내게 '4차 산업혁명 시대, 한국형 천재가 되는 법'이라는 주제를 부탁했다. 아마도 내가 어디선가 비슷한 내용으로 끄적이며 떠들고 다니는 걸 본 모양이었다. 큰 주제와 약간 결이 다름에도 나에게 기회를 준 제작진에 무척 고마웠다.

「세바시」이후 비슷한 주제로 강연을 많이 하게 되면서 나의 문제의식을 조금씩 더 보태며 관련 내용을 보다 풍성하게 정리할 수 있었다. 기회가 되면 학교 교양과학 수업 시간에 일부 소개하기도 했다. 알파고로 이야기를 풀어 가면 학생들의 집중도도 높아지고 21세기에 왜 교양과학이 필요한지, 21세기에 걸맞은 진정한 교양 교육은 무엇인지, 한국형 천재의 시대가 왜 끝났는지, 내 나름의 생각들을 풀어놓기가 훨씬 수월했다.

2020년 팬데믹이 시작되면서 온라인 수업이 진행되자 많은 것들이 바뀌었다. 문득 나는 내 교양과학 수업 영상을 다른 학생들이나 일반인도 볼 수 있으면 어떨까 생각했다. 그러나 이를 당장 실행에 옮기기에는 현실적인 문제들이 많았다. 내가 선택한 우회로는 우선 수업 때 이야기한 내용을 원고로 정리하는 작업이었다.

한국형 천재의 시대를 살면서 혜택을 많이 누렸던 내가 그 시대의 종말을 말하려니 현재와 미래를 살아가야 할 청년들에게 민망하고도 미안한 마음이 드는 게 사실이다. 나와 동갑인 1971년생 돼지띠는 인구수가 대략 백만에 달한 데다 대입 정원도 지금처럼 많지 않아 대학 입학의 경쟁은 치열했으나, 일단 들어가면 취업 걱정은 크게 하지 않던 세대였다. 캠퍼스 생활도 그리 빡빡하지는 않았다. 내가 대학 5년과 대학원 6년을 보냈던 1990년대는 문화적으로도 대단히 풍성했다. 트렌디 드라마와 한국형 블록버스터 영화들이 모습을 드러내 전례 없는 대성공을 이루었다. 1992년 '서태지와아이들'의 등장은 한국 대중문화를 획기적으로 뒤바꾼 일대 혁명이었다. 시스템을 갖춘 대형 기획사들이 나타나기 시작해 체계적으로 아이돌 그룹을 길러 냈다. 지금 우리가 목도하는 한류의 원형은 대부분 이 시절에 형성되었다. 1997년 IMF가 터지기 전까지 우리 세대의 20대는 산업화와 민주화의 열매를 가장 많이 섭취했다고 해도 과언이 아니다. 그랬던 세대가 결과적으로는 지금의 젊은 세대들에게 '헬조선'이나 '이생망', 또는 '영끌'하지 않으면 안 되는 시대를 물려줬으니, 그 과정이나 이유야 어찌되었든 반성부터 하고 볼 일이다.

다만 과학을 연구하고 있으며 과학문화 활동을 해 온 사람으로서 내가 가장 잘 아는 과학의 관점으로 이 시대를 조명해 보는 것이 내가 쓸 수 있는 최선의 반성문이 아닐까 싶다. 나의 경험과 시도가 혼란스럽고 힘겨운 이 전환의 시대를 어떻게 이해하고 살아 낼 것인지를 고민할 때 조금이나마 도움이 되었으면 하는 마음이다.

그렇다고 여기에 아주 '신박한' 해결책이 있는 것은 아니다. 앞서 고백했듯이 나 또한 내가 직면한 문제를 여전히 풀지 못하고 있다. 게다가 뜻하지 않은 코로나19 팬데믹을 겪으면서 알파고 이후 쌓아 왔던 내 고민의 단층들이 다시 큰 혼란에 빠지기도 했다. 이 글을 쓰고 있는 2021년 현재까지도 팬데믹은 여전히 진행 중이다. 이 시절이 우리에게 어떤 의미였는지를 온전히 들여다보려면 팬데믹이 끝난 뒤로도 적지 않은 시간과 노력이 필요할 것이다. 그래서 이 책은 서로의 고민을 나누고 함께 새로운 대안을 모색해 보자는 제안서에 가깝다고 할 수 있다. 개인적인 욕심으로는 이 책을 통해 내가 독자들로부터 많은 도움을 받을 수 있는 계기가 되기를 소망한다.

과학의 관점에서 시대를 조망하려다 보니 과학 자체에 대한 이야기, 과학사에서의 사례, 대상에 대한 과학적 설명 등이 동반될 수밖에 없었다. 과학을 전혀 모르는 독자들에게는 이런 내용들이 어려울 수도 있겠지만 궁극적으로는 이 시대를 어떻게 이해하고 어떤 대비를 할 것인가에 대한 단서를 찾는 것이 목적이므로 구체적인 세부사항 하나하나에 너무 매달릴 필요는 없다. 한편 이 과정에서 나의 능력을 넘어 다소 방대한 분야를 어설프게 다루는 경우도 있을 것이다. 이는 전적으로 모자라고 무능한 나의 책임이다. 염치 불고하고 독자 여러분의 너그러운 혜량을 부탁드린다.

350여 년 전 영국에서 페스트 대유행이 몰아쳤을 때 20대의 뉴턴이 고향으로 내려가 인류의 역사를 바꾼 위대한 구상을 했다. 그 결과물은 훗날 『프린키피아』라는 대작으로 남았다. 이를 기리기 위해 뉴턴이 고향에 머물렀던 1666년을 흔히 뉴턴의 '기적의 해Annus Mirabilis'라고 부른다. 얄궂게도 그해에는 런던에서 대화재가 발생하기도 했다. 전염병과 화재로 수많은 사람들이 죽어 나간 해가 먼 훗날엔 누군가의 기적의 해로만 기억된다는 것이 역사의 아이러니일지도 모르겠다. 21세기의 코로나19 팬데믹은 먼 훗날 어떻게 기억될까? 부디 누군가 한 개인의 기적의 해가 아니라 이 힘든 시절을 어떻게든 버티고 살아 낸

'우리 모두의 기적의 해'로 기억되었으면 좋겠다.

2021년 8월 정릉에서

이종필

4차
산업혁명
시대,

우리 모두
과학을 한다

1. 알파고 공습이 시작됐다

2016년 3월부터 나는 건국대학교에 새로 생긴 상허교양대학 (상허는 설립자 유석창 박사의 호)에서 교양과학 과목들을 가르치게 되었다. 나는 입자물리학을 연구하는 사람이지만 십여 년 전부터 여기저기에 이른바 교양과학의 내용으로 글을 쓰고 강연을 해 왔다. 그 과정에서 나는 과학이야말로 21세기 필수 교양이라는 말을 수없이 들어왔고, 또 느꼈다. 그런 까닭에 교양대학이라는 공교육 체계 안에서 교양과학을 가르칠 수 있게 돼 무척 기뻤다.

나의 첫 강의는 3월 2일 수요일 「과학의 원리」였다. 「과학의 원리」는 현대물리학의 주요 개념들과 역사, 우주론 등으로 구성된 강의였다. 개강 첫날이었지만 휴강을 하거나 수업을 대충

하진 않았다. 초반에 강좌 전체를 소개하는 시간에는 강좌의 목표와 주별 강의 계획, 학점 산출 방법, 과제물 등을 안내했다. 수업 후반부에는 '왜 과학이 중요한가'라는 짧은 강의를 준비했다. 교양으로서 과학이 왜 필요한지 첫 강의에서부터 수업을 듣는 동기 부여를 하기 위해서였다. 내게는 이야기를 풀어 가기에 아주 적절한 소재가 있었다. 바로 일주일 앞으로 다가온 세기의 빅 이벤트, 3월 9일부터 광화문 포시즌스 호텔에서 진행되는 이세돌 9단과 인공지능 바둑 프로그램 알파고의 5번기 대국이었다. 지금이야 알파고를 모르는 사람이 거의 없으나 그때만 해도 알파고는커녕 '바둑 두는 인공지능'이라는 개념조차 익숙하지 않았다. 나는 동네바둑 6급 정도의 기력밖에 안 되지만(영광스럽게도 예전에 조혜연 9단과 지도대국을 둔 적이 있었는데 그때 조 국수께서 나더러 능히 1급은 된다고 하셨으나 대마가 몰살한 패자를 위로하는 말씀이었음이 분명했다) 이세돌 9단의 열렬한 팬이었고 알파고와 세기의 대결을 벌인다는 사실을 몇 달 전부터 알고 있었다. 개강하기 전인 2월에 어느 인터넷 매체 관계자들을 만난 적이 있었는데, 그때 나를 제외한 서너 명의 언론 매체 관계자들 모두 이세돌-알파고 대국 사실조차 모르고 있을 정도였다. 3월 2일 수업에서 학생들 분위기도 크게 다르지 않았다. 80명 수강생 중 일주일 뒤의 이벤트를 아는 학생은 절반에 훨씬 미치지 못했다. 나는 의기양양하게 '세상엔 이런 놀랄 만한 사건도 있다'는 투로 이세돌-알파고 대국을 소개했다. 물론 이세돌이 여유 있게

이기겠지만, 인공지능 프로그램이 감히 이세돌이라는 세계 최고수(그리고 나의 우상)를 상대로 도전한다는 사실 자체가 중요하다. 나중에 인공지능이 정말로 인간에 범접하거나 심지어 능가하는 능력을 갖게 된다면 아마 그 출발점을 일주일 뒤의 바둑 대국에서 찾을지도 모른다. 그렇게 침을 튀기며 내 나름대로 의미를 부여했다.

그때까지만 해도 나는 이세돌 9단이 알파고를 이기리라는 믿음에 추호의 흔들림도 없었다. 그전에 알파고가 유럽 바둑 챔피언(판후이 2단)을 이긴 적이 있긴 하지만, 이세돌 같은 초일류 기사는 얘기가 완전히 다르다. 일주일 뒤의 이벤트가 인공지능 시대의 서막을 알리는 분기점이 될지도 모른다고 학생들에게 말할 때마다 "그래도 이세돌 9단을 도저히 이기지는 못하겠지만…." 이라는 단서를 늘 붙였다. 이는 동네바둑 6급만의 예상이 아니었다. 극소수를 제외한 거의 대부분의 바둑기사와 인공지능 관련 전문가들도 이세돌의 승리를 점쳤다. 바둑에서나 인공지능에 대해서나 나보다 훨씬 더 많은 지식을 갖고 있었던 어느 선배는 SNS에, 반상에서 벌어질 핏빛 낭자한 일방적인 대학살의 결과를 확신하는 글을 남기기도 했다. 나는 허락을 받고 그분의 문장을 2016년 1월 31일자로 나갔던 일간지 칼럼에도 그대로 인용했다. 「'기계 이세돌'을 준비해야 하는 시대」라는 제목의 이 칼럼[1]에서 나는 이세돌 9단의 승리를 예상하면서 나의 팬심을 담아 "이세돌 9단이 기계를 이긴 마지막 인간이길 바란다."고 썼다. 이 말이 사실이 되리라고는 나는 그때 짐작조차 못했다.

일주일 뒤인 3월 9일, 이세돌과 알파고의 첫 대국이 오후 1시부터 시작되었다. 「과학의 원리」 수업도 같은 시각에 시작이다. 나는 수업에 들어가면서 준비한 강의는 다 집어치우고 대국 현장 생중계 장면을 스크린에 띄워 놓고 학생들과 함께 토론이나 할까, 그런 생각을 잠시 했었다. 그러나 새로운 직장에 임용된 지 불과 일주일 만에 그런 '모험'을 감행할 용기는 나지 않았다. 그때는 아직 정식으로 계약서에 사인도 하기 전이었다. 지금 그런 빅 이벤트가 또 진행된다면 나는 아마 원래 준비했던 강의 슬라이드 따위 집어던져 버렸을 것이다.

「과학의 원리」는 1시부터 3시까지 2시간 연강으로 진행된다. 중간에 10분 정도 휴식시간이 있다. 나는 2시 무렵 쉬는 시간임을 공지했다. 몇몇 학생들이 화장실에 가려고 자리에서 일어났다. 나는 재빨리 스마트폰을 꺼내 세기의 첫 대국 생중계 화면을 시청하기 시작했다. 한 시간 정도 진행된 기보를 보는 순간, 나는 하마터면 크게 비명을 지를 뻔했다.

주위들은 바에 따르면 이세돌 9단은 상대적으로 포석(바둑에

---

1   이종필, [이종필의제5원소] 「'기계 이세돌'을 준비해야 하는 시대」, 한국
      일보, 2016. 1. 31., http://www.hankookilbo.com/News/Read/20160131
      1051303768

서 초반에 돌을 유리하게 벌여 놓는 일)이 약하다고 한다. 이건 정말 '상대적으로' 그렇다는 말이다. 이세돌의 라이벌인 중국의 구리 9단이나 커제 9단 정도의 초일류와 비교해서 그렇다는 말이지 포석을 원래 못한다는 말이 아니다. 구리나 커제와 둘 때면 초반 포석에서 밀리다가 중반에 눈부신 전투로 전세를 만회하고, 여의치 않으면 특유의 판 흔들기로 전세를 뒤집는다. 역으로 말하자면 이런 이세돌 9단이 초반 포석마저 커제만큼 잘한다면 아마 인간계에서는 적수가 없을 것이다(물론 이는 모두 동네바둑 6급의 '뇌피셜'일 뿐이다).

쉬는 시간에는 이세돌-알파고 1차전이 이미 중반으로 접어들고 있었다. 동네바둑 6급 주제에 초일류 기사의 바둑 형세를 판단한다는 게 웃기는 얘기지만 흑을 쥔 이세돌 9단이 버거워 보였다. 반면 알파고의 백돌은 무척 단단해 보였다. 나의 예상은 적어도 이세돌 9단이 알파고의 대마 한둘은 작살을 내고 나머지 돌들도 거세게 몰아붙이는 모습이었다. 그러나 내 눈에 들어온 기보(바둑의 기록)는 이세돌 같은 초일류 인간 기사 둘이서 두는 바둑 같았다. 전혀 예상 밖의 기보에 나는 거의 넋이 나갔다. 원래 이세돌 9단이 포석은 약하잖아, 뭐 그렇게 속으로 위안을 삼으려고 했지만 내 마음속 더 깊은 곳에서는 정체 모를 공포심이 솟구치고 있었다. '이러다 질 수도 있겠구나….'

10분 정도의 휴식시간이 끝나고 다시 수업을 시작하려는데 정신이 제대로 돌아오지 않았다. 나중에 확인해 보니 결국 이세돌 9단은 186수 만에 돌을 거두었다. 이날의 충격은 거의 열흘 가까이 이어졌다. 그래도 나는 다른 사람들보다는 알파고라는 인공지능의 등장에 마음의 준비가 훨씬 더 많이 돼 있다고 생각했는데, 막상 1국 기보를 보니 그게 전혀 아니었다. 그렇게 큰 소리치던 나도 새로운 시대에 대한 준비가 전혀 돼 있지 않았다. 문득 내가 박사학위를 받은 때가 2001년 2월이라는 사실이 새삼 무겁게 다가왔다. 그러니까 나는 모든 고등교육을 20세기에 끝낸 셈이다. 그런 내가 지금 알파고 시대를 살아가야 하는 대학생들에게 무엇을 가르칠 수 있을까? 2016년의 그 봄날에 나는 아직도 풀지 못한 어려운 숙제를 하나 떠안게 되었다.

2. 4차 산업혁명, 모든 것은 디지털로 통한다

알파고가 등장하기 전에도 물론 시대의 변화를 절감하는 계기들이 있었다. 나에게는 영화 「넘버3」도 그중 하나이다. 「넘버3」는 1997년에 개봉한 코믹 조폭 누아르로, 당시에 충무로를 주름잡고 있는 한석규, 최민식, 송강호, 이미연 등이 주연했다. 극장 개봉 때는 많은 관객을 모으지 못했으나 오히려 비디오로 출시된 이후 입소문을 타고 더 유명해졌다. 특히 송강호의 찰진 부산 사투리 대사(대사의 8할 이상이 욕이었지만)가 화제였다. 부산 출신으로 평가하자면, 부산 남자 셋이 모이면 그중에 꼭 한 명 있을 법한 캐릭터가 「넘버3」 속의 송강호였다. 그 무렵 대학원 선후배들끼리 모여서 술자리라도 가질 때면 으레 누가 더 정확하게 송강호의 대사를 외우고 있느냐로 옥신각신하기 일쑤였다. 남자들의 쓸데없는 '핵존심'은 술자리 농담으로 끝나지 않는 경우도 많았다. 끝까지 승부를 가리기 위해 술집에서 곧바로 비디오방까지 가는 경우도 있었다. 비디오방에서 「넘버3」를 대여해 보면서 누구 말이 맞는지 확인하는 것이다. 이 미친 승부욕 때문에 후배 한 명은 「넘버3」를 50여 번 정도 봤다고 한다.

수업 시간에 이런 얘기를 들려주면 학생들은 십중팔구 어이없다는 반응을 보인다. '꼰대'의 전형적인 "나 때는 말이야…." 류의 호랑이 담배 피우던 시절 레퍼토리가 짜증스러운 건 당연하다. 「넘버3」가 개봉한 지 20여 년이 지난 지금은 아무도 영화 대사를 확인하려고 비디오방이나 DVD방에 가지 않는다. 누구나 손에 들고 있는 스마트폰으로 검색하면 몇 초 만에 확인할 수 있다. 아니, 그냥 영화를 다운받아서 확인할 수도 있다. 21세기는 그런 시대이다. 태어날 때부터 인터넷이 당연했던 세대에게는 나의 20년 전 경험이 낯설다.

「넘버3」가 개봉했던 1997년은 내가 박사과정에 들어간 해이기도 하고 '야후 코리아Yahoo Korea'가 포털사이트 서비스를 시작한 해이기도 하면서 '다음Daum'이 한메일hanmail이라는 무료 웹메일 서비스를 시작한 해이기도 하다. '네이버Naver'는 아직 사내벤처에 머물러 있었다. 해외에서는 '딥 블루Deep Blue'라는 컴퓨터 프로그램이 인간 체스 챔피언인 카스파로프를 2승 3무 1패로 꺾어[2] 화제이긴 했으나, 바둑의 이창호 9단이 삼성화재배 월드바둑마스터스대회와 LG배 세계기왕전에서 우승하며 전성

기를 내달리던 때였다. 기계가 이창호 같은 초일류 기사를 이긴
다? 상상도 하기 어려운 시절이었다.

이로부터 정확히 10년이 지난 2007년 미국의 스티브 잡스는
'아이폰'이라는 새로운 물건을 이 세상에 처음으로 선보였다.
그 10년의 차이가 아마도 20세기와 21세기를 가르는 가장 중요
한 10년이지 않았을까 싶다. 「넘버3」 대사를 악착같이 외우던
시절에서 폰 하나로 영화 자체를 다운로드받을 수 있는 시대로
바뀐 10년이니 상전벽해가 따로 없다. 그로부터 다시 9년이 지
나 알파고가 이세돌을 이겼다. 세상은 그렇게 또 급변했다.

언제부터인가 귀에 못이 박히게 들었던 '4차 산업혁명'이 나
에게는 그렇게 다가왔다. '4차 산업혁명'이라는 말을 처음 사용
한 이는 독일 출신의 경제학자로, 세계경제포럼의 창시자 중 한
명인 클라우스 슈밥이었다. 슈밥은 2015년 「포린 어페어스For-
eign Affairs」 기고문에서 이 말을 처음 도입했다. 슈밥은 4차 산업
혁명을 인공지능, 로보틱스, 사물인터넷, 바이오테크 같은 신기
술의 등장으로 물질계와 생물계, 그리고 디지털 세상이 하나로
통합되는 산업혁명으로 설명하고 있다.[3] 물론 아직까지도 누구

---

2   IBM100, 「Deep Blue」, https://www.ibm.com/ibm/history/ibm100/us/en/
icons/deepblue/

3   Schwab, Klaus, 『The Fourth Industrial Revolution』, World Economic
Forum(2016. 1. 11.).

나 동의하는 사전적인 개념이 있는 것은 아니다. 제레미 리프킨 같은 사람은 여전히 3차 산업혁명이 진행 중이라고 주장한다.

그러나 4차 산업혁명을 어떻게 정의하든, 심지어 이게 3차의 연장이든 4차의 시작이든 우리는 뭔가 새롭고도 큰 변화가 진행 중임을 직감적으로 느끼고 있다. 알파고-이세돌의 대국이 그 상징적인 사건이다. 다행히 우리는 이세돌이라는 불세출의 천재 덕분에 비교적 빨리, 그리고 확실하게 새 시대로의 변화를 체감할 수 있었다.

흔히 4차 산업혁명이라고 하면 인공지능이나 로봇 등 몇몇 신기술들의 출현과 융합으로 개념 정의를 대신하는 경우가 많다. 이는 대상에 대한 표면적인 접근일 뿐이다. 확립되지 않은 막연한 개념에 접근할 때에는 이런 시도도 도움이 된다. 기술 융합으로서의 4차 산업혁명을 설명하는 가장 좋은 사례는 스마트폰이다. 최초의 스마트폰인 애플사의 아이폰이 2007년 세상에 처음 나왔을 때 스티브 잡스는 이 새로운 문물을 아이팟과 인터넷과 전화가 결합된 물건으로 소개했다.

기술의 결합? 융합? 이런 얘기를 들을 때마다 내 머릿속에 떠오르는 물건이 하나 있었다. 바로 사무용 복합기이다. 복합기는 스마트폰보다 훨씬 이전에 나온 제품이다. 복합기는 프린터, 복사기, 스캐너, 팩스 등 무려 네 개의 사무 기능이 하나로 통합된 전자제품이다. 자주 쓰는 기능이 한곳에 모여 있으니 분명 편리한 기기임에 틀림없다. 그러나 아무도 복합기를 혁신의 아이콘이라고 칭하지는 않는다. 반면 아이폰은 누가 뭐래도 진정한 혁신의 아이콘이다. 결합된 기술의 개수만 따지자면 복합기의 손을 들어 줘야 하지만 현실은 정반대이다. 이 차이는 어디서 오는 것일까?

결과론적인 답을 말하자면 아이폰은 시대의 흐름을 잘 탄 셈이고 복합기는 그러지 못했다. 그렇다면 시대의 흐름이란 과연 무엇일까? 바로 디지털로 통합되었느냐의 여부이다. 나는 이 점이 가장 중요한 요소라고 생각한다. 디지털로 통합됐다는 것은 한마디로 말해 '모든 작업 내용을 이메일 또는 카톡으로 보낼 수 있는가'이다. 스마트폰에서는 그 안에서 일어나는 거의 모든 작업을 이메일이나 카톡으로 보낼 수 있다. 복합기는? 불가능하다. 스캐너의 결과물은 디지털 정보이다. 그러나 프린터나 복사기는 전혀 아니다.

한번 상상해 보자. 스마트폰을 이용해 뭔가를 카톡으로 보낼 수 없다면 얼마나 답답할까? 지금은 카톡으로 대금 결제는 물론 현금까지 주고받는다. 은행 업무를 스마트폰으로 하게 된 것도 오래다. 아이폰이 혁신의 아이콘이 된 이유는 바로 이것이다.

이걸 좀 더 확대하면 어떻게 될까? 디지털로 모든 업무를 통합한다는 것은 달리 말해 우리의 현실을 디지털로 재구축한다는 뜻이다. 즉, 궁극적으로는 영화 「매트릭스」의 매트릭스 같은 세상을 여는 혁명이 4차 산업혁명이다. 그렇다고 당장 그런 세상이 열리지는 않는다. 다른 한편 디지털 정보가 예전에 전혀 없던 것도 아니다. 다만 지금까지는 디지털이 보조적으로 도와주는 수준이었다면 4차 산업혁명을 거치면서 디지털 우위digital supremacy의 시대로 넘어가고 있다. 스마트폰으로 할 수 있는 일들은 이미 그렇게 되었다. 지능에서 디지털로의 전환이 일어나고 있는 현상이 인공지능의 등장이다. 알파고가 등장한 지 4년이 지난 지금 바둑에 관한 한 이미 디지털이 확실한 우위를 점하고 있다. 갑자기 모든 분야에서 이런 일이 벌어지지는 않더라도 머지않은 미래에 많은 분야에서 디지털 지능이 우위를 점하게 될 것이다.

그렇다면 궁극적으로 인간 지능을 완전히 압도하는 인공지능이 출현할 것인가, 즉 기술의 특이점singularity이 도래할 것인가? 쉽지 않은 질문이다. 여기서는 이 질문을 깊이 고민하지는 않을 것이다. 다만 특이점까지 가지는 않더라도 인공지능의 발전이 과학에 어떤 의미를 던질 것인지는 뒤에서 다시 다룰 것이다.

3. 한국형 천재의 시대는 끝났다

2016년 3월 알파고가 던진 충격에서 자유로운 사람은 별로 없을 것이다. 언론에서는 저마다 인공지능의 등장으로 사라질 직업군을 꼽느라 난리였다. 가장 후순위에 놓여 가장 안심해도 좋을 직업군에 예술가나 과학자가 포함되었다. 그러나 나는 무척 불안했다. 교수라는 직업을 당장 기계가 대체할 것이라는 두려움도 없지 않았으나, 당장 직면한 두려움은 앞서 말했듯이 나는 이미 20세기의 흘러간 시대 사람이라는 냉엄한 현실이었다. 그런 내가 21세기 알파고 시대의 청춘들에게 무엇을 가르칠 수 있을까?

아직도 나는 답을 모르겠다. 다만 그 답을 구하는 데에 도움이 될지도 모르는 한 가지 확실한 사실은 알 수 있었다. 이제 한국형 천재의 시대는 완전히 끝났다는 사실이다. 솔직히 말하자면 나는 대학원에 다니던 20세기 말부터 똑같은 말을 선후배들과 주고받았었다. 그래서 이 명제 자체가 새롭지는 않았지만 알파고의 등장은 말하자면 '관 뚜껑에 못을 박은' 것과도 같다.

한국형 천재란 무엇인가?

한마디로 암기 잘하고 계산 잘하는 사람이다. 이걸 잘하면 대학 입시에서 높은 점수를 받고 좋은 대학에 들어간다. 중고등 교육의 현실적인 목표가 한국형 천재의 양성이라고 해도 크게 틀린 말은 아닐 것이다. 지금은 예전보다야 많이 좋아졌다지만 이 틀을 근본적으로 벗어났는지는 좀 의문이다. 이른바 '킬러 문항'이라 불리는 수능 문제 30번은 이런 현실을 가장 극적으로 반영하고 있다. 킬러 문항은 정답률이 극히 낮아 최상위권으로 도약하기 위해 꼭 통과해야 할 관문이다. 수리영역의 30번 문항은 여러 분야의 내용을 몇 번 꼬아서 하나의 문제로 합쳐 놓은 경우가 많아서 문제 자체를 이해하는 데에도 시간이 꽤 걸린다. 물론 시간을 많이 들여서 하나하나 차근차근 풀어 보면 해결의 실마리를 찾을 수 있지만 실전 수능에서는 '많은 시간'이나 '시행착오'를 용납하지 않는다.

나의 과학기술 글쓰기 수업을 듣는 신입생이 쓴 글에 이런 내용이 있었다. 수능시험을 보던 날 수리영역 29번까지 풀고 나니 남은 시간이 좀 애매했다고 한다. 풀었던 문제를 검산하기에는 충분해 보였으나 30번에 도전해서 풀기에는 조금 빠듯해 보였기 때문이란다. 안정적으로 있는 점수를 잘 챙길 것이냐, 위험을 감수하고서라도 고득점에 도전할 것이냐, 쉽지 않은 선택이다. 한국의 현실에서는 누구에게라도 자기 인생이 걸린 문제가 아닌가. 그 학생은 후자를 선택했다가 결국 시간 내 문제를 풀지 못했다. 나중에 확인해 보니 앞선 문제들에서 실수를 하는 바람에 최악의 결과를 얻게 되었다고 한다. 아마도 비슷한 사연 하나 없는 수험생은 별로 없을 것이다. 킬러 문항을 시간 안에 풀려면 그 문제를 구성하는 요소들을 단계별로 유형에 따라 정확하게 파고들어야 한다. 한순간이라도 삐끗해서 약간 옆길로 빠지면 탈락이다. 이런 문제에 10대 청춘들이 인생을 걸어야 하는 것이 과연 합당할까?

여기에 의문을 품은 사람이 나만은 아닐 것이다. 지난 2018년 세계수학자대회에 한국의 어느 수학자가 그해 연도 수능 수리 영역 30번 문항을 소개한 적이 있었다. 전 세계 최고의 수학자들은 어떤 반응을 보였을까? 보도에 따르면 '창의성보단 기술적인 힘만 요하는 문제'라고 평가했다.[4] 1978년도 아니고 2018년 한국의 모습입니다.

암기를 잘하고 계산을 잘하려면 선행학습이 유리하다. 많은 시간을 투입해서 수많은 시행착오를 스스로 겪으며 이치를 터

4　　손현경, 「수능 수학 30번 VS 서술형 수학, '생각하는 힘' 키우는 문제는?」, 조선에듀, 2018. 8. 21., http://edu.chosun.com/site/data/html_dir/2018/08/21/2018082101057.html

득하기보다 유형별 맞춤형 해법을 잘 집어 주는 학원에 다니는 편이 낫다. 나만의 규칙을 찾아가기보다 누군가 미리 정해 둔 규칙을 잘 외우고 따르는 것이 훨씬 효율적이다. 그래야 수능에서 고득점을 얻을 수 있다.

알파고의 등장은 한국형 천재, 즉 암기 잘하고 계산 잘하고 선행학습에 능하며 규칙을 잘 따르는, 그런 인재의 시대가 끝났다는 얘기다. 이런 능력이 전혀 쓸모없는 건 물론 아니다. 암기 잘하고 계산 잘하는 것도 대단한 능력이다. 그러나 여기에만 매몰되면 창의적인 일을 하지 못한다. 남이 정해 놓은 규칙 속에서만 놀기 때문이다. 특히 과학에서는 치명적이다. 한국에 과학 분야의 노벨상이 아직 없는 이유는 멀리 있지 않다. 대학원에 다닐 때부터(나의 박사과정 기간은 1997~2001년이었다) 가까운 사람들끼리 모이면 늘 하던 얘기가 그랬다. 한국형 천재는 더 이상 쓸모가 없다고. 한국형 천재가 필요한 전형적인 상황은 높은 어르신이 뭔가가 궁금해서 주변 사람들에게 물어볼 때이다. 이때 질문이 끝나기가 무섭게 0.5초 만에 답을 줄 수 있는 인재가 바로 한국형 천재이다. 과연 많은 것을 외우고 있고 어지간한 암산 정도야 순식간에 하는 사람이 필요하다. 한창 산업화를 진행할 때는 이런 인재가 더욱 필요했을 것이다.

지금까지의 우리 교육을 아주 단순화시켜서 말하자면 이런 인재를 키우는 과정이었다. 이걸 잘하면 좋은 대학에 들어간다. 놀랍게도 대학에서의 교육도 크게 다르지 않다. 대학 신입생들이 학기 초에 가장 크게 당황스러워 하는 점은 대학 생활이 그저 고등학교 생활의 연장에 가깝다는 사실이다. 그렇게 대학에서도 암기 잘하고 계산 잘하는 학생이 좋은 학점을 받고, 그렇게 졸업해서 대기업에 취직하는 것이 우리 사회의 성공 방정식이다. 이런 사회에서 슈퍼히어로는 '전교 1등'짜리 '엄친아'들이고 그 정점에는 각종 고시 합격자들이 있었다. 고시 몇 관왕은 천재 중의 천재로 추앙받는다.

한국형 천재를 누가 많이 데려갔느냐에 따라 대학 서열도 매겨졌다. '서연고서성한중경외시…'는 그렇게 탄생했다. 나의 수업 슬라이드에는 아직도 이 10개 대학의 이름이 나열돼 있다. 내가 근무하는 건국대학교는 이 안에 없다. 이 서열을 보는 우리 건국대학교 학생들의 마음은 어떨까? 전국 200개 대학교 중에 이 10개 대학교를 제외한 나머지 대학교는 또 어떨까? 한번은 이런 내용으로 카이스트에서 강연을 한 적이 있었다. 그때 강연을 듣던 한 학생이 왜 자기 학교는 저 명단에 없느냐고 항의 아닌 항의를 하기도 했었다.

그렇게 수십 년 동안 한국의 가장 뛰어난 학생들을 싹쓸이해 간 서울대학교의 실제 모습은 어떨까? 저명한 과학지인 「네이처」에서 발표하는 네이처 지수Nature Index가 있다. 이 지수는 82개의 고급 자연과학 학술지에 발표된 논문을 바탕으로 작성된다. 2021년도 발표 내용 중 학술 기관 순위를 살펴보니(2020. 1. 1.~2020. 12. 31., 괄호 안은 전년도 순위) 서울대학교는 51위(58),

카이스트가 56위(68)에 있다. 반면 중국의 경우 중국과학기술대학교USTC가 7위(4), 베이징대학교가 8위(6), 중국과학원대학교 UCAS가 9위(11), 난징대학교가 10위(9), 청화대학교가 13위(8)에 이름을 올렸다.[5] 일본의 도쿄대학교는 4위(9)이다. 세계 10위권 경제 규모에 국가대표급 대학 순위치고는 너무 초라해 보인다. 물론 네이처 지수는 하나의 숫자에 불과하기 때문에 모든 것을 말해 주지는 않지만, 중요한 단면을 보여 준다는 점까지는 무시할 수 없을 것이다. 이런 시대에 아직도 한국형 천재에 목매달고 '서연고서성한…'에 집착하는 것은 마치 누가 더 송강호 대사를 잘 외우고 있느냐를 따지는 20년 전의 술자리 모습과 다르지 않다.

이혜정 교수는 『서울대에서는 누가 A⁺를 받는가』라는 책에서 평점 4.0(4.3만점) 이상을 받은 서울대학생들을 조사한 결과를 내놓았다. 응답자의 87%는 교수의 말을 한마디도 놓치지 않고 받아 적으며(여기에는 농담과 기침도 포함된다고 한다), 시험이나 과제에서 자신이 옳다고 생각하는 의견을 펼치기보다 교수의 의견을 선택한다는 응답자가 89%였다는 결과는 충격적이다. 물론 조사 대상이 겨우 46명에 불과하니 이 또한 숫자 자체에 큰 의미를 두긴 어렵겠으나, 우리의 현실이 어떤 형태로든 반영돼 있음을 누구나 느낄 것이다. 이 조사는 1974년이 아니라

---

5   Nature Index, 2021 tables, https://www.natureindex.com/

2014년의 결과이다.

내가 '서연고서성한…'의 명단을 보여 준 이유는 인공지능 프로그램이 이세돌에게 도전장을 낸 이 마당에 아직도 우리는 '서연고서성한…'만 읊조리고 있으니 이 얼마나 한심한 작태인가를 말하기 위해서였다. 이제 더 이상 이런 서열이 무의미한 시대가 열리고 있다, 앞으로 우리의 경쟁 상대는 '서연고'가 아니라 슈퍼지능일지도 모른다, 그런 말을 하고 싶었다.

한국형 천재가 조금이라도 유용했던 이유는 그 모든 교과서와 참고서와 사전과 계산기를 일일이 다 들고 다닐 수가 없었기 때문이다. 그래서 그 내용을 머릿속에 꽉꽉 집어넣고 누가 물어보면 언제든지 척척박사처럼 답을 내놓을 수 있는 사람이 천재였다. 4차 산업혁명이 디지털로의 통합이 이루어지는 시대를 연다는 건 더 이상 그럴 필요가 없다는 뜻이다. 손안의 스마트폰 하나면 교과서와 참고서와 사전과 계산기를 대신하고도 남는다. 이런 시절에 굳이 인간이 기계와 경쟁할 필요가 있을까? 차라리 검색 잘하는 능력이 훨씬 더 쓸모 있다. 나는 글쓰기 수업에서 시험을 볼 때 검색을 허용한다.

다사카 히로시는 『슈퍼제너럴리스트』에서 "지성의 본질은 지식이 아니라 지혜이다."라며 지식보다 지혜의 중요성을 강조했다.[6] 지식은 교과서에 적혀 있는 죽은 것들이다. 단편적인 지식

---

6   다사카 히로시, 『슈퍼제너럴리스트』, 최연희 옮김, 싱긋(2016).

을 종합해서 맥락과 의미가 있는 유기적인 하나의 스토리, 또는 정보 체계를 만드는 통찰이 지혜이다. 이는 당분간 인공지능이 커버하지 못할 인간 고유의 영역이다. 지금까지의 한국 교육은 대체로 지혜가 아니라 지식을 익히는 방향으로 초점을 맞추었다. 알파고 시대에는 이 방향을 바꾸어야 한다. 지식의 전달과 습득이 아니라 지혜의 공유와 체화로 방향을 틀어야 한다. 한국의 학생들도 선생님들도 세계 최고 수준의 인재들이다. 여전히 잘못된 관습에 빠져 허우적거리는 것은 엄청난 재능 낭비에 불과하다.

4. 대학의 존재 이유를 묻다

새로운 시대의 도래는 '서연고서성한…'에만 의문을 던지는 것이 아니라 한 발 더 나아가 대학 자체의 존재 이유에 심각한 질문을 던지고 있다. 11~12세기 유럽에서 대학들이 출현하고 번성한 계기 중 하나는 스페인의 톨레도 등 이슬람 왕조가 지배하던 지역을 기독교 세력이 점령하면서 획득한 방대한 양의 이슬람 문헌이었다. 유럽이 중세 암흑기를 지내는 동안 이슬람 세계는 독자적인 전통에 고대 그리스 철학과 주변 페르시아, 인도 등의 문명을 흡수·접목하여 수학, 의학, 천문학 등에서 독보적인 융합문명을 이룩하고 있었다. 갑자기 엄청난 양의 정보가 기독교 세계에 밀려들어 오자 이를 체계적으로 정리하고 이해하기 위한 일환으로 대학들이 생겨나기 시작했다. 그러니까 대학은 일종의 정보혁명으로 인해 탄생했다. 이후 천여 년 동안 인쇄술의 등장, 르네상스, 종교개혁, 과학혁명, 산업혁명, 세계대전 등 숱한 혁명적 변화들을 겪었지만 대학은 여전히 최고의 고등교육 및 연구기관으로서 그 역할을 수행해 왔다. 역설적이게도 지금 대학의 존립 위기를 거론하게 된 배경도 21세기의 정보혁명 때문이다. 따지고 보면 시공간의 제약과 언어의 장벽은 지난 천 년 동안 극복하지 못한 장벽이었다. 21세기의 정보혁명은 정보의 생산과 유통, 소비의 모든 단계를 획기적으로 전복했다. 이런 극적인 변화의 핵심은 정보의 디지털화다. 디지털로 세상을 재구축하는 것을 핵심으로 하는 4차 산업혁명은 정보의 디지털화를 바탕으로 한 혁명이 큰 밑바탕이 되었다. 특히 코로나 팬데믹으로 재택근무와 온라인 교육이 강제되면서 대학의 존립 이유에 대한 의문점은 크게 증폭되었다.

한국에서는 이 위기감이 더욱 크게 와닿았다. 여기에는 세 가지 요인이 작용했다고 생각한다.

첫째, 시대가 요구하는 인재를 대학이 길러 내지 못하고 있다. 흔히 대학이 산업 현장에 즉시 투입할 수 있는 인력을 배출하지 못한다는 이야기를 많이 하는데, 나는 이런 식으로 대학을 일종의 직업학교로만 취급하는 풍토에는 동의하기 어렵다. 지금도 여전히 대학이 할 일은 진리 탐구라고 나는 믿는다. 다만 그런 면에서조차 대학이 급변하는 세상을 따라가지 못하는 것 또한 사실이다. 지금 대학에서 4년 동안 배운 내용의 유통기한

이 얼마나 될까? 채 10년이 되지 않는다고 나는 확신한다. 그만큼 지식을 생산, 유통하는 주체도 다양해졌고 그 주기도 대단히 빨라졌다. 한국형 천재를 기르는 데에 익숙한, 그 능력으로 서열화된 20세기 한국식 대학으로는 구조적으로 이 변화를 따라갈 수 없다.

둘째, 급격한 인구 감소로 지금의 대학 정원이 머지않아 수험생의 수를 넘어설 것이다. 한국은 2020년 사상 처음으로 인구 순감소로 돌아섰다. 지방 대학들은 이미 신입생 급감으로 존립 위기가 현실화되고 있고 이른바 '인서울in Seoul' 대학들도 조만간 그 충격파에서 자유롭지 못할 것으로 예상하고 있다.

셋째, 한국의 독보적인 ICTInformation and Communications Technologies 기술 덕분에 팬데믹이 급작스럽게 덮쳤음에도 그럭저럭 시행착오를 헤쳐 나가면서 온라인 비대면 수업을 진행할 수 있었다. 실험이나 실습 등 반드시 대면수업으로 진행해야 하는 교과목들도 있겠지만 기초적인 지식을 전달하는 수업이라면 온라인의 장점이 극대화될 수 있다. 등하교 시간, 수강자 수 제한, 빽빽한 대형 강의실, 강의의 휘발성 등의 단점이 완전히 사라진다. 아마도 몇몇 수업에 대해서는 '내가 굳이 이 수업을 들으려고 학교까지 갈 필요가 있었을까?' 하는 생각을 해 보지 않은 학생이 드물 것이다. 입시 때부터 '인강'에 익숙해진 학생들에겐 너무나 당연한 의문이다.

팬데믹이 강제한 이런 경험은 팬데믹이 지나가더라도 비가역적인 상태로 남아 있을 가능성이 높다. 당장 온오프 강의의 장점을 결합하면 몇 년 전부터 회자되었던 이른바 '플립트 러닝 flipped learning'이 본격적으로 확대될 것이다. 기본적으로 익혀야 할 내용은 온라인으로 진행하고 오프라인에서는 토론과 실습 위주로 수업을 진행할 수 있다.

지금은 이미 한걸음 더 나아간 고민들이 터져 나오고 있다. 예컨대 "온라인 수업인데 왜 우리 학교 교수님 수업만 들어야 하나?"라는 질문이 자연스럽게 나올 수밖에 없다. 시공간의 장벽이 사라졌으니 학생들은 당연히 국내 최고의 강의를 듣고 싶을 것이다. 그렇다면 세계 최고의 강의를 듣지 않을 이유도 없지 않은가? 오래전부터 이미 우리 대학에서는 최고 수준의 외국서적을 교재로 쓰고 있다. 강의라고 그러지 말라는 법이 없지 않은가. 예컨대 전국의 물리학과에서 군이 수많은 교수들이 거의 똑같은 내용의 고전역학 체계를 가르칠 필요가 없다. 적어도 기술적인 내용에 대해서는 그렇다. 만약 물리학회에서 가장 강의를 잘하는 교수 10명을 선발해 고전역학의 기초 내용을 강의하게 하고 그 콘텐츠를 전국에 뿌린다면 일선 물리학과에서는 강의 부담을 크게 줄일 수 있을 것이다. 여력은 문제 풀이나 토론, 실험, 프로젝트 수업에 쏟을 수 있다. 여기에 세계 최고의 해외 명강의를 곁들인다면 학생들의 수업 만족도는 높아질 것이다.

이렇게 상상력을 발휘하다 보면 몇몇 근본적인 질문들과 마주하게 된다. 지금과 같은 대학의 울타리가 과연 필요할까? 세계 최고의 강의를 들을 수가 있는데 굳이 특정 대학에 비싼 등록금을 내야 할까? 교수들이 굳이 강의에 매달릴 필요가 있을까? 대학 졸업장은 어떤 의미가 있을까? 이런 질문을 좇아가다 보면 4차 산업혁명과 팬데믹의 뉴노멀 시대에는 대학의 소멸이 예정된 수순이 아닐까 하는 생각마저 든다. 학벌의 위세가 여전한 한국에서는 그 저항이 드셀 것으로 예상되지만 도도한 시대적 변화의 압력을 거스르기도 쉽지 않을 것이다. 당장 대학이 이 파고를 넘어 살아남으려면 양질의 디지털 콘텐츠를 누가 더 많이 확보하느냐, 그로부터 얼마나 창의적인 교육 큐레이션을 해낼 수 있느냐가 관건이다. 지금은 유튜브나 인터넷 강의 같은 형태의 학습 자료가 주를 이루지만 머잖은 미래에 가상현실VR이나 증강현실AR을 이용한 교육 콘텐츠가 나오기 시작하면 이런 변화는 더욱 가속할 것이다. 예컨대 VR 기술이 받쳐 준다면 학생들이 집에서 VR 헤드셋을 쓰고(더 편리한 장비가 나올지도 모르겠다) 네트워크로 접속해서 가상의 강의실에 모여 각종 실험실습까지도 디지털 세상에서 수행할 수 있을 것이다. 이 정도 수준이 되면 정말로 물리적 공간으로서의 강의실이나 실습실은 더욱 의미가 없어질 것이다.

문제는 이게 끝이 아니라는 점이다. 지금까지 말한 내용에 인공지능기술이 접목된다면 적어도 가르치는 직업 자체가 존폐의 기로에 설 것이다. 상대성이론은 물리학에서도 학생들이(고등학생이나 대학생이나 모두) 직관적으로 쉽게 이해할 수 없는 대표적인 분야이다. 만약 인공지능이 언어의 장벽을 뛰어넘어 전 세계 수많은 상대성이론 강의와 학생들 성취도 및 반응 등을 학습해서 학생들이 가장 쉽고 알차게 이해할 수 있는 강의법을 찾아낸다면 어떻게 될까? 학생은 누구라도, 어느 나라 어느 대학 소속의 대학생이든, 심지어 고등학생이든 불문하고 세상에서 가장 뛰어난 물리학 교수의 강의보다 더 훌륭한 강의를 접할 수 있게 된다. 교수들도 강의 부담이 획기적으로 줄어들면서 연구에만 전념할 수 있을 것이다. 그때쯤이면 지금과 같이 특정한 공간을 점유하고 있는 캠퍼스라는 개념 자체가 무의미해질지도 모른다. 오히려 이런 무정형의 대학이 평생 교육이 필요한 사람들에게는 훨씬 더 유용할 것이다. 물리적인 오프라인 캠퍼스 없이 온라인에서만 토론 위주로 수업을 꾸려 나가는 미네르바 대학의 출현은 어쩌면 급격한 사회 변화의 필연적인 결과인지도 모르겠다.

5. 21세기 문법으로 '생각의 회로'를 바꾸다

4차 산업혁명의 시대를 말할 때 "한국형 천재의 시대는 끝났다."는 네거티브식 규정 말고 포지티브식 진술은 없을까?

우리는 정답 찾기 교육에 익숙한 터라 어떤 질문이든지 교과서적인 정답을 요구하는 경향이 강하다. 그러나 세상에는 정답이 없는 질문이 훨씬 더 많으며 정답이 없는 질문을 대할 때는 네거티브식 접근도 나쁘지 않다. '4차 산업혁명의 시대가 어떤 시대이고 우리는 무엇을 준비해야 하는가'라는 질문도 마찬가지로 정답이 없다.

그러나 단지 파편적인 조각일 뿐이더라도 포지티브식 단서들을 찾는 노력을 게을리하면 안 된다. 아무리 작은 조각이라도 거대한 직소퍼즐의 한 부분을 차지할지도 모를 조각이기 때문이다.

그런 조각들 중 하나를 던진 사람이 『사피엔스』의 저자 유발 하라리이다. 하라리는 한국 내 일간지와의 인터뷰에서 이렇게 말했다.

"지금까지는 20대까지 공부한 걸로 평생 먹고살았다. 하지만 앞으로는 나이 예순에도 여든에도 끊임없이 자기 계발을 해야 할 것이다. 구체적으로 뭘 새로 배워야 할지는 알 수 없다. 하지만 경직되어 있는 사람, 마음이 유연하지 않은 사람은 버티기 힘들 것이다. 감정지능과 마음의 균형 감각이 중요한 이유다."[7]

20세기에는 대학 4년 동안 배운 걸로 평생 먹고살 수 있었다. 20세기에 정규 고등교육을 모두 끝낸 나 같은 사람은 아마 이런 세대의 끝물일 것이다. 지금은 그렇지 않다. 새로운 분야가 끊임없이 생기고 있다. 옛날의 카테고리만으로는 분류할 수 없을 수도 있다. 내가 일하는 건국대학교에는 스마트운행체공학과, 줄기세포재생공학과, 사회환경공학부, 커뮤니케이션디자인학과 등이 있다. 30년 전 내가 학교에 다닐 때에는 전혀 들어볼 수

---

7   어수웅, 「AI에 수학·과학 맡기고, 우린 감정지능 과목 만들자」, 조선일보, 2017. 3. 21., http://news.chosun.com/site/data/html_dir/2017/03/21/2017 032100223.html

없던 이름들이다. 지금 이 학과에 다니는 학생들이 대학을 졸업할 때에는 또 새로운 이름의 학과들이 등장할 것이다. 남학생들은 군대 갔다가 복학했을 때 출신학과가 없어지는 경우도 더러 있다. 물론 대학의 행정력이 매끄럽지 못한 이유도 있을 것이다. 그러나 근본적으로는 하루가 다르게 변하는 대학 바깥 세상의 파도가 학내에 어떻게든 반영된 결과라고 봐야 한다.

전통적인 학과들이라고 해서 모든 것이 옛날과 다 똑같은 것도 아니다. 내가 연구하는 입자물리학 분야에는 '딥러닝deep learning'이라는 제목이 들어가는 논문도 심심찮게 나오고 있다. 상황이 이렇다 보니 전통적인 학문 구획에 얽매여서는 새로운 문제에 대처할 수가 없다. 필요하다면 전혀 엉뚱한 분야의 전문 지식도 갖다 써야 한다. 심지어 없던 지식을 새로 만들어 내기도 해야 한다. 요컨대, 기존의 학문 경계가 점점 의미를 잃어가고 있다. 그에 따라 전통적인 의미의 전문가의 지위도 조금씩 자리를 잃어 가고 있다.

이런 현상을 최근에는 이른바 '빅블러Big Blur'라 부르기도 한다. '블러'란 흐릿하다는 뜻으로 분야별 경계가 희미해지는 현상을 가리킨다.[8] 한국은 가장 오랫동안 문과와 이과를 철벽으로 갈라놓은 나라로 유명하다. 2018년부터는 고등학교에서도 문

8　서용구, 「'빅블러' 시대가 왔다」, 아시아경제, 2021. 2. 15., https://www.asiae.co.kr/article/2021020910093308272

이과를 구분하지 않는 교육을 진행하고 있고 2022년부터 '문이과 통합 수능'이 치러진다. 문이과를 나누었던 철벽은 진작 사라졌어야 할 경계였다.

이제는 스마트폰을 만드는 애플사가 자동차를 만든다고 해도 아무도 놀라지 않는다. 지난 2020년 국제가전박람회CES 2020에서 소니는 '비전-S'라는 자율주행 전기자동차를 선보였다. 반면 한국의 현대자동차는 스마트 모빌리티 솔루션 기업으로 거듭나겠다고 천명하며 하늘을 비행하는 드론 택시에 도전하고 있고, 보스턴 다이나믹스라는 굴지의 로봇 기업도 인수했다. 기아자동차KIA Motors는 새로운 사명에서 아예 'Motors'를 뺐다.[9]

최근 미국의 뉴욕 증시에 성공적으로 상장한 쿠팡은 물류 기업인가, IT 기업인가? 어느 것 하나로 정의하기 어렵다. 쿠팡은 물류 기업이면서 동시에 IT 기업이다. 이런 혼란이 생긴 근본적인 원인은 기존의 낡은 카테고리로 새 시대의 새로운 현상을 온전히 포괄하지 못하는 한계 때문이다.

과학자들은 20세기가 시작될 때 이미 비슷한 혼란을 겪었다. 원자 이하의 미시세계를 연구하던 과학자들은 오랜 세월 파동이라 생각했던 빛이 입자처럼 행동하며, 또한 입자라고 생각했던 전자가 파동처럼 행동하는 현상을 관측했다. 빛이나 전자는

---

9   박상우, 「모빌리티 전문 기업 꿈꾸는 기아차, 모터스 뺀 새로운 사명 공개」
     M오토데일리, 2021. 1. 6., https://www.autodaily.co.kr/news/articleView.
     html?idxno=424891

입자이면서 파동이다. 이를 입자-파동의 이중성이라 한다. 이런 혼란이 생긴 이유는 파동이나 입자라는 개념이 20세기 이전의 고전물리학에서 정립된, 인간 중심의 개념이기 때문이다. 파동이나 입자는 분명 자연현상을 기술하는 데에 유용한 개념이지만 인간에게 익숙하고 편리한 개념이 반드시 자연을 구성하는 기본 요소(빛이나 전자 같은)의 본성과 일치할 이유는 없다. 빛은 빛이고 전자는 전자일 뿐이다. 때로는 그 속성 중 파동적 성격이 발현하기도 하고 때로는 입자적 성격이 발현하기도 한다. 이런 미시세계를 기술하기 위해서는 고전물리학과는 완전히 다른 규칙의 역학 체계가 필요했다. 그렇게 탄생한 이론이 양자역학이다.

고전물리학에서 양자역학으로의 전환은 너무나 급진적이어서 아인슈타인을 포함한 당대 최고의 과학자들도 받아들이지 못했다. 현존 최고의 과학자 중 한 명인 레너드 서스킨드는 『블랙홀 전쟁』에서 이때의 난맥상을 '생각의 회로'를 바꿈으로써 극복할 수 있었다고 평가했다. 낡은 틀에서 벗어나 새로운 패러다임으로 전환하기가 그만큼이나 어려웠다는 뜻이다.

4차 산업혁명이라는 전환기를 이해할 때에도 '생각의 회로'를 바꿀 필요가 있다. 쿠팡은 쿠팡이고 애플은 애플이다. 지금은 20세기의 문법이 아니라 21세기의 문법으로 세상을 해석해야 한다. 앞서 말했듯이 4차 산업혁명의 핵심은 디지털로 세상을 재구축하는 과정이다. 이 규칙을 가장 적극적으로 따르고 구현하는 과정으로 세상을 바라보면 카카오가 은행업을 한다고 해서 전혀 이상할 게 없다.

빅블러 현상은 산업계에서만 목격할 수 있는 게 아니다. 코로나19 팬데믹으로 거주 공간인 집은 사무 공간의 역할까지 떠안았다. 사실 이 또한 방역이 강제한 상황이긴 하지만 이를 뒷받침하는 정보통신기술이 없었다면 불가능한 일이다. 쇼핑이나 배달에서 온라인과 오프라인의 경계는 이미 무너진 지 오래다. 머지않은 미래에는 디지털 트윈(현실 세계의 기계나 장비, 사물을 컴퓨터 속 가상 세계에 구현한 것)이나 메타버스(가공과 추상을 뜻하는 '메타'와 현실 세계를 뜻하는 '유니버스'를 합친 말)와 현실 세계의 구분도 큰 의미가 없어질 것이다.

경계가 흐릿해지고 무너진다는 문제의식이 완전히 새롭지는 않다. 20세기에는 학문의 분과가 너무나 잘게 쪼개져서 다양화되고 전문화되다 보니 자기 영역을 조금만 벗어나도 이른바 '옆집 아저씨'가 될 수밖에 없었다. '과학科學'이라는 말은 원래 '분과학문分科學文'의 줄임말이다. 반면 우리가 다뤄야 할 현상이나 문제는 그렇게 잘게 쪼개진 조각들의 합으로 파악하기에는 총체성이 부족할 수도 있다. 이를 극복하기 위한 대안으로 나온 것이 학문의 '통섭consilience'이었다. 요즘 유행하는 융합의 원조라 할 만하다. 통섭을 주창한 미국의 에드워드 윌슨Edward Wilson은 개미를 연구한 동물행동학의 대가이다. 윌슨은 그의 저서 『통섭』에서 학문의 대통합이라는 위대한 과업을 제시했으나 그의 기획은 인문학이나 종교까지도 분자생물학으로 환원되리라는 희망 섞인 전망에 가까워 보인다. 어쩌면 동물행동학자로서의 당연한 포부였는지도 모르겠다.

지금은 대가들의 통찰에만 맡겨 놓기엔 세상이 너무 빠르게 달라지고 있다. 그 결과 예전의 분류와 카테고리로는 정의조차 할 수 없는 문제들이 속출하고 있다. 윌슨이 우려했던 파편화된 학문의 위기가 4차 산업혁명 시대를 맞아 전면화되고 있는지도 모른다. 그렇다면 윌슨의 유지를 받들어 통섭이든 융합이든 해내면 되지 않을까?

여기서 지금까지 한국에서 유행했던 융합을 반성적으로 돌아볼 필요가 있다. 언제부터인가 융합이 유행하며 각 대학에서도 융합대학원이라든지 융합인재학과 등 융합이라는 이름이 들어간 학과 등이 우후죽순으로 생겨나기 시작했다. 그러나 그 융합의 내용을 들여다보자면 서로 이질적인 둘 이상이 만나 완전히 새로운 결과물을 만드는 '융합'이라기보다 그저 단순하게 뒤섞어 놓은 '혼합'에 불과한 경우들이 대부분이다. 미술대학의 어느 학과와 공과대학의 어느 학과를 한곳에 모아 둔다고 해서 혁신적인 융합이 저절로 일어나지는 않는다. 이는 마치 프린터와 복사기와 팩스 기능을 한 기기에 모아 놨다고 해서 혁신적인 제품이 아닌 것과 비슷하다. 혁신적인 기능들이 스마트폰으로 융합되려면 그 모든 기능이 해당 스마트폰의 운영체제 안에서 통합돼 앱으로 구현되고 다른 기능들과 연동되는 과정을 거쳐야

만 한다.

융합이란 예를 들어 주기율표 1번 원소인 수소(중수소와 삼중수소) 둘이 합쳐져 2번 원소인 헬륨을 만드는 과정이다. 수소 둘이 그냥 뒤섞여 있는 상태와 헬륨은 전혀 다르다. 지금까지 우리가 융합이라는 이름으로 해 온 것들은 헬륨이라기보다 수소 둘의 혼합물에 가깝다. 각 주체들이 스스로 변화하지 않으면 융합은 일어나지 않는다. 보통은 각자가 잘 알고 해결할 수 있는 문제들만 들고 만나서 그 교집합만 따져 보는 수준에서 그친다. 그러니 질적 변화로서의 융합은 일어나지 않는다. 융합이 일어나려면 각 요소들 사이의 상호 침투가 필수이다. 내가 무슨 전공이고 무엇을 잘 아는가로는 부족하다. 나의 경계를 넘어 다른 영역에서 벌어지는 일을 나의 전문지식으로 이해하고 해석해 나의 영역을 점점 넓히는 과정이 필요하다. 그래서 '끊임없는 자기 계발'이 필요하다.

무엇보다, '내가 무엇을 잘하느냐'보다 궁극적으로 '우리가 어떤 문제를 해결해야 하느냐'가 더 중요하다. 내가 할 수 있는 일들의 집합은 큰 의미가 없다. 주어진 문제를 해결하기 위해 '나의 능력이 어떤 쓸모가 있느냐'가 중요할 뿐이다.

혼합이 아닌 융합의 가장 대표적인 사례로 내가 꼽는 것은 2002년 월드컵 당시 히딩크Guus Hiddink 감독이 이끌던 국가대표 팀이었다. 네덜란드식 토털 사커total soccer를 추구했던 히딩크 감독은 우리 선수들에게 멀티플레이어로서의 역할을 주문했다.

한 선수가 하나의 고정된 포지션만 소화하는 것이 아니라 둘 이상의 포지션을 감당하며 수시로 전술 변화를 꾀했다. 월드컵이 열리기 직전인 2001년 12월 미국 대표팀과의 평가전 결과를 보도한 국내 언론 중에 이런 기사가 있었다.

> "이날 한국의 포지션 변경은 상대팀인 미국으로서는 머리가 어지러울 정도였다. 한 선수가 고정된 위치를 우직하게 지킨 미국과 달리 한국은 경기 시작부터 황선홍, 이천수, 최태욱, 3각 공격 라인이 전후좌우를 종횡무진 누비며 상대 수비진을 교란했다. 후반 31분엔 수비수 최진철 대신 오른쪽 미드필더 최성용을 투입하면서 유상철 대신 송종국을 중앙 수비로 앞세웠고 35분엔 박지성 대신 김도근으로 교체하면서 또 한 차례 미드필드 조직에 큰 폭의 변화를 줬다. (중략) 강한 압박과 짧고 빠른 패스로 무장한 전 선수가 공수 양면에 두루 참여하게 됐다."[10]

멀티플레이어가 되기 위해서는 강력한 체력이 뒷받침돼야만 한다. 네덜란드식 토털 사커의 약점으로 늘 지적받던 사항이 엄청난 체력 소모였다. 큰 대회의 4강까지는 잘 올라가지만 결승

10　　배극인, 「히딩크표 축구 강해졌다」, 동아일보, 2001. 12. 11., https://www.donga.com/en/article/all/20011211/210092/1/Hiddink-Soccer-Has-Became-Stronger?m=kor

전에서 힘을 못 쓰는 이유 중 하나로 체력 소진이 늘 지목되었
다. 2002년 월드컵 때의 한국대표팀도 마찬가지였다. 만약 월
드컵처럼 단기간에 많은 경기를 소화할 필요가 없다면 체력 문
제는 크게 완화될 것이다.

축구에서뿐만 아니라 지식의 세계에서도 이것저것 다 하려면
'지적 체력' 소모가 심하다. 이는 우리가 감내해야 할 비용이다.
그러나 월드컵처럼 단기간에 많은 경기를 뛸 필요가 없으므로
체력 회복의 기회는 훨씬 많다.

히딩크식의 멀티플레이어는 언뜻 우리에게 낯설다. 그러나
우리 전통과의 연결점이 전혀 없는 것도 아니다. 유홍준의 『나
의 문화유산답사기1』에 소쇄원을 소개하는 대목에 이런 내용이
나온다.

"양산보는 건축가가 아니었다. 그럼에도 어느 조원 설계가
보다도 탁월한 구상과 섬세한 디자인을 보여 준 슬기와 힘
이 어디에서 나왔을까? 나는 이것을 조선 사대부 문화의 강
점이라고 생각하고 있다. 사대부는 군자로서 살아가는 길을
끊임없이 반성하면서 삶을 영위하는 확고한 도덕률을 갖추
고 있었다. 그들이 지향하는 바는 전문인·기능인이 아니라
총체적 지식인으로서 문사철을 겸비한 사람이었으며, 그리
하여 지식으로 세상을 경륜하고, 그 안목으로 시를 짓고, 거
문고를 뜯고, 글씨를 쓰고, 집을 짓고, 사랑방을 디자인하였

던 것이다. 심지어는 전쟁조차도 전문성보다는 총체성에 입각하여 대처했던 것이다. 우리 시대의 전문인들이 잃어버린 것은 바로 그 총체성이며, 우리는 소쇄원에서 그것을 배워야 마땅할 것이다."[11]

유홍준이 말했던 총체성은 윌슨이 말했던 지식의 대통합과 일맥상통한다. 이것을 축구에 대입하면 멀티플레이어의 토털사커가 도출된다. 적어도 진정한 융합이 일어나려면 총체성을 담지한 멀티플레이어라는 개념이 반드시 필요하다는 게 내 생각이다. 그렇다고 해서 세상 모든 이치와 지식을 총체적으로 다 익혀야 한다는 뜻은 아니다. 총체성을 양적인 개념으로만 받아들이는 것은 여전히 20세기적인 사고방식이다. 21세기가 요구하는 총체성이란 조금 다른 수준에서 하는 말이다.

2016년 3월, 알파고와 이세돌의 대결이 점점 세인들의 관심을 끌자 각 방송사에서는 앞다투어 관련 특집 프로그램을 만들기 시작했다. 방송국 피디였던 한 지인도 최대한 빠른 시간 안에 특집 다큐를 만들라는 특명을 받았다. 갑자기 알파고 특집? 그 지인은 바둑의 ㅂ도 모르고 인공지능의 A도 모르는 인문계 출신이었다. 바둑도 인공지능도 전혀 모르는 자신에게 알파고 특집을 만들라는 주문이 내려졌을 때 얼마나 당황스러웠을지

---

11   유홍준, 『나의 문화유산답사기1』, 「담양의 옛 정자와 원림」, 창비(2011).

짐작된다. 그러나 당시 시점으로 되돌아가 본다면, 대한민국에 바둑과 인공지능을 모두 다 잘 아는 사람이 과연 몇이나 있었을까? 얼핏 생각나는 한두 명 말고는 거의 없었다(지금이라고 크게 다를 것 같지는 않다).

학문의 경계가 무너지고 있다는 말은 현실적으로 이런 뜻이다. 우리에게 일상으로 주어지는 임무들은 바둑도 인공지능도 모르는 인문계 출신 피디에게 알파고 특집을 만들라는 주문과 별로 다르지 않다. 그렇다고 이 스토리가 비관적인 새드 엔딩은 아니었다. 그 피디는 아주 짧은 시간 안에 상당한 수준의 프로그램을 만들었다. 이 사례는 4차 산업혁명 시대에 필요한 인재상이 어떠해야 할지 내게 아주 중요한 단서를 던져 주었다. 이제는 정말로 20대에 내가 무엇을 전공했는가가 별로 중요하지 않다. 지금 내가 어느 분야의 전문가인지도 큰 의미가 없을 수 있다. 그보다는 완전히 새로운 분야에 뛰어들어 원하는 결과를 얻기 위해 무엇을 어떻게 학습하고 어떤 지식을 습득해 어떻게 자기만의 스토리로 새로운 정보를 만들어 낼 수 있는가 하는 능력이 훨씬 더 중요하다. 다시 말하자면 전문적인 지식 자체보다 지식을 만들어 내는 어떤 기제, 즉 지식 창출의 플랫폼이 결정적으로 중요하다. 그러니까 총체성이 발휘되어야 할 지점은 모든 지식을 습득하는 수준이 아니라 플랫폼을 작동시켜 지식 창출 자체를 코디네이션 또는 큐레이션 하는 수준이라고 할 수 있다.

세상 모든 분야를 두루 섭렵한다는 것은 불가능하다. 사실 그럴 필요도 없다. 자기가 알고 있는 지식의 다양성을 뽐내기 위함이 아니라면 모든 분야를 다 잘 알 필요가 없다. 알파고를 이해하기 위해서 굳이 로봇공학이나 체스까지 연구할 필요는 없다. 그러나 딥러닝 알고리즘과 바둑의 기본 규칙은 꼭 알아야한다. 인공지능 알고리즘을 전공한 사람이라도 인공지능과 전혀 상관없는 바둑은 알아야 한다. 학문의 경계가 무너졌다는 것도 이런 의미이다.

겉으로 드러나 보이는 융합을 가능하게 하는 원동력은 바로 이플랫폼이다. 지금까지 우리는 결과로서의 융합에만 관심이 많았지 어떻게 융합이 가능한지, 특히 단순 혼합에 그치지 않고 혁신으로 이어지기 위해서는 무엇이 필요한지를 간과하고 있었다.

알파고 시대가 요구하는 능력은 기존의 학문 구획을 뛰어넘어 다양한 전문지식을 한데 모아 새로운 지식과 정보를 창출하는 능력이다. 전혀 다른 영역까지 진출해 완전히 새로운 지식을 창출할 수 있어야 한다고 말하면 대부분의 사람들은 그게 어떻게 가능하냐고 반문할 것이다. 그러나 조금만 돌아보면 그런 말도 안 되는 일을 해 온 사람들이 있다. 바로 과학자들이다. 과학자들은 필요하다면 세상에 없는 수학도 만들고 기계도 만든다. 근대과학을 확립한 뉴턴이 미적분을 발견했다는 일화는 유명하다. 그의 후예들도 충실히 그 길을 따르고 있다. 끈이론의 대가인 미국의 에드워드 위튼은 끈이론 연구의 '부수입'으로 1990년 수학 분야 최고 권위의 상인 필즈메달을 수상했다. 그 옛날 갈릴레오는 고성능 망원경을 손수 만들어 밤하늘을 관측했고 21세기의 과학자들은 지구상에 존재하는 8개의 전파망원경을 네트워크로 연결해 지구 크기의 가상 망원경으로 우주 저 깊은 곳을 관측한다. 미시세계를 지배하는 양자역학은 전례 없이 완전히 새로운 논리 위에 구축된 과학 이론이다.

수학도 기구도 중요하지만 우리 논의의 맥락에서 다시 말하자면 과학은 역사상 가장 훌륭한 지식 창출 플랫폼이다. 흔히 과학에서 중요한 것은 과학적 사실 자체가 아니라 어떤 결과를 얻기 위한 과정 또는 그 방법론이라고들 말한다. 알파고 시대의 도래가 한국형 천재의 관 뚜껑에 못을 박은 것이라면 어떤 과학 법칙이나 원리, 신기한 현상에 대한 설명 등은 더 이상 중요하지 않다. 한국형 천재가 잘하던 일을 이제는 (사실 꽤 오래전부터) 기계가 훨씬 더 잘한다. 뭔가 궁금한 게 있으면 주변의 똑똑한 사람한테 물어보는 것보다 열심히 검색하는 편이 낫다. 여태 우리는 과학조차 잘 외우고 있어야 할 특정한 지식으로만 여겨 왔지만 알파고 시대에는 지식 창출의 플랫폼이라는 과학의 본질이 더욱 중요하다. 무슨 일을 하든, 어쨌든 가장 성공적인 모델부터 살펴보는 게 당연한 수순이다. 언제부터인가 과학을 '21세기의 필수 교양'이라고 부르는 것도 이 때문일 것이다.

물론 여기에는 지금까지 과학의 눈부신 성공이 큰 몫을 했다. 예컨대 대략 20세기까지는 '인간이란 무엇인가'라는 질문에 답을 얻기 위해 사람들이 철학이나 종교 분야 책을 탐독했었다.

지금은 진화생물학이나 뇌 과학이 훨씬 더 많은 답을 주고 있다. 이런 경향은 앞으로도 더욱 심화될 것이다. 어느 분야 어느 자락이든 최신의 과학적 성취를 잘 모르고서는 세상이 어떻게 돌아가고 있는지 알기 어렵다.

그러나 최신의 뇌 과학 또는 우주론이 '21세기의 필수 교양'이라고 말할 때 우리는 여전히 과학을 잘 외우고 있어야 할 지식 쪼가리로 받아들이는 경향이 강하다. 여기에는 '교양'이라는 말에 대한 우리의 20세기적 선입견도 크게 작용한다. 한국 사회에서의 교양이란 한마디로 '잘난 척 혹은 아는 척하기 위한', 또는 '있어 보이기 위한' 수단의 성격이 강하다. 이는 나만의 생각이 아니다. 몇 해 전 도정일 교수는 일간지 칼럼에서 대학 교수들이 교양에 대해 갖고 있는 편견을 신랄하게 꼬집은 적이 있다.

> "그들이 아는 교양은 알아도 되고 몰라도 되는 잡동사니 상식 같은 것, 백화점 문화센터 꽃꽂이 강의 같은 것, 금강산도 식후경이랄 때의 그 '식후경' 같은 불요불급의 장식성 액세서리 같은 것, 본격적인 공부와는 관계없는 어떤 것이다."[12]

---

12 도정일, 「대학교육에서 '교양'이란 무엇인가」, 한겨레신문, 2014. 2. 20., http://www.hani.co.kr/arti/opinion/column/625105.html

솔직히 고백하자면 나도 학생들에게 교양과학을 가르칠 때, '아는 척하기'를 위한 수단으로서의 교양과학이라는 속물적인 목표를 농반진반으로 얘기하는 편이다. 교양과학의 고상한 가치만 읊조리면 강의 첫 시간부터 학생들에게 너무 잔인한 수업이 될 것이기 때문이다. 그 고상한 가치를 도정일 교수는 이 칼럼에서 '틀에 갇히지 않는 자유로운 탐구와 교육'으로 정의하며, 그 유명한 하버드대학교의 교양 교육 보고서를 인용한다.

> "교양 교육의 목표는 추정된 사실들을 동요시키고, 익숙한 것을 낯설게 만들며 현상들 밑에 그리고 그 배후에서 일어나는 것들을 폭로하고, 젊은이들의 방향 감각을 혼란시켜 그들이 다시 방향을 잡을 수 있는 길을 발견하도록 도와주는 것이다."[13]

이는 우리가 평소에 막연하게 알고 있던 '교양'의 개념과 사뭇 다르다. 우리에게 교양은 도정일 교수가 위 칼럼에서 지적했

---

[13]   원문은 다음과 같다. "On the contrary, the aim of a liberal education is to unsettle presumptions, to defamiliarize the familiar, to reveal what is going on beneath and behind the appearances, to disorient young people and to help them to find ways to re-orient themselves.", Harvard University, Reports of the Task Force on General Education, http://projects.iq.harvard.edu/files/gened/files/genedtaskforcereport.pdf?m=1448033208

듯이 '알아도 되고 몰라도 되는 잡동사니 상식 같은 것', 또는 '어디 가서 아는 척하기 위한 수단' 정도이다. 특히 중고등학교까지 유형별로 정답을 찾는 교육에 익숙한 우리들에게 '방향 감각을 혼란'시키는 교육이란 형용모순이다. 하버드대학교 보고서에서 인용한 내용의 핵심은 교양 교육의 목표가 잡지식의 전달이 아니라 방법론의 전수라는 점이다. 이는 곧 지식 창출의 플랫폼이 작동하는 방식이라고 할 수 있다. 게다가 따지고 보면 추정된 사실을 동요시키고 익숙한 것을 낯설게 만들며 배후를 폭로하고 방향 감각을 혼란시키는 일을 가장 잘해 온 분야가 바로 과학이다. 이 과정에서 인류가 다시 방향을 잡을 수 있는 길을 발견하도록 도와준 것도 과학적인 방법론이 대표적이다. 과학 전공자의 눈으로 보자면 과학 교육이야말로 하버드대학교 보고서가 제시한 교양 교육의 목표에 가장 적합하다.

이 모든 것을 종합하자면 알파고 시대(또는 4차 산업혁명 시대)에 필요한 덕목은 지식 창출 플랫폼으로서의 교양이며, 역사상 가장 성공적인 사례였던 과학에 주목해야 한다. 플랫폼이란 그 위에서 무언가가 작동하기 위한 설비 체계, 또는 제반 환경이나 더 넓게는 생태계라고 할 수 있다. 한국형 천재에게 가장 취약한 부분이 새로운 지식의 창출이다. 남이 정해 놓은 규칙은 잘 따르고 그 속에서 계산은 열심히 잘하지만 새로운 규칙을 찾거나 만들지는 못한다. 노벨 과학상이 아직 없는 이유도 이와 무관하지 않다. 알파고 시대에는 지식을 많이 외우고 있을 필요가 없다. 그건 기계에 맡겨도 된다. 정말 중요한 것은 수많은 지식과 정보를 모아 새로운 지식을 만드는 일이다.

여기서 누구나 한 가지 의문이 생길 것이다. 그럼, 과학은 왜 그리도 성공적이었을까?

II.

과학은
왜 그리도

성공적이었을까

1. 과학은 자연의 언어, 그래서 인간에겐 어렵다

과학은 어렵다. 쉽지 않다. "과학은 왜 그리 어려운가요?" 대중 강연에서 흔히 듣는 질문이다. 나의 대답은 한결같다. "원래 어려워요." 물론 이렇게 대답하면 나의 형편없는 강의 실력이 숨을 공간이 생긴다. 그래도 내 대답은 진심이다. 과학은 원래 어렵다. 이 점을 그냥 당연하게 받아들이면 오히려 과학과의 거리를 줄일 수 있다.

왜 과학은 원래 어려울까? 특히 우리에게 과학이 어려운 이유는 우리 것이 아니어서 그렇다. 어지간한 교양과학책을 펼쳐보면 플라톤이나 아리스토텔레스 같은 고대 그리스의 어르신들부터 나온다. 먼 나라의 이야기이다. 우리가 과학이라고 부르는 무언가, 즉 근대과학이 본격적으로 형성된 것은 16~17세기 이른바 '과학혁명기'라 부르던 시기의 서유럽에서였다. 역시나 먼 나라의 이야기이다. 과학은 남의 것이다. 과학을 배우는 일은 외국어를 배우는 일과도 비슷하다. 우리에게 없던, 우리에게 익숙하지 않은 무언가를 배우는 일이다. 그래서 어쩔 수 없이 진입 장벽이 있다. 과학을 접할 때마다 '이건 외계어야.'라는 느낌이 든다면 지극히 당연한 반응이다. 한국어를 쓰는 사람이 영어나 스페인어, 또는 라틴어로 쓰인 문장을 보고 친숙한 느낌이 들 수는 없다. 낯선 언어로 적힌 문장들을 처음 보고 이해가 안 된다고 해서 "난 정말 언어 능력이 없나 봐."라고 자책하는 사람은 없다. 아직 배우지 않았으니 당연히 모르는 것이다. 그래서 그 문장을 이해하려면 적잖은 노력이 필요하다. 기본적인 문법과 단어를 알아야 한다. 우리는 외국어를 배울 때 이런 고통이 있고 그 고통을 극복하기 위해서는 애써 노력해야 함을 당연하게 받아들인다. 과학도 마찬가지이다. 과학을 그냥 한번 슬쩍 훑어보고서 "난 정말 과학머리는 없나 봐."라고 체념할 필요가 없다.

과학은 남의 것이라 우리에게 익숙하지 않다는 점은 가장 기본적인 숫자에서도 찾아볼 수 있다. 숫자를 쓸 때 보통은 세 자리마다 쉼표를 찍어 자릿수를 표시한다.[1] 가령 3천 원은

---

[1]   국제적인 공식 표기법은 세 자리마다 띄어쓰기이다. https://en.wikipedia.org/wiki/Decimal_separator

3,000원으로 쓰는 식이다. 지금은 이런 표기를 너무 많이 쓰기 때문에 우리에게도 익숙하지만 우리의 숫자 체계와 어울리는 표기법은 아니다. 세 자리마다 쉼표를 찍는 것은 세 자리를 기본으로 하는 숫자 체계와 잘 어울린다. 영어에서는 일one, 십ten, 백hundred, 천thousand이 기본 단위이다. 천 다음 단위인 만(10,000)은 영어로 ten thousand이다. 천이 열 개 있다는 뜻이다. 그래서 10,000으로 적는 것이 편리하다. 쉼표 앞의 10과 쉼표 뒤의 1000이 확연하게 구분돼 읽기가 쉽다. 천이 천 개 모이면 새로운 단위인 백만, 즉 million이 등장한다. 백만이 다시 천 개 모이면 billion(10억)이라는 새로운 단위가 나온다.

반면 우리에겐 이런 표기법이 그다지 편리하지 않다(익숙함과 편리함은 별개의 문제이다). 왜냐하면 우리의 숫자 체계에서는 네 자리마다 새로운 단위가 생기기 때문이다. 우리는 일, 십, 백, 천, 만을 숫자의 기본 단위로 한다. 만이 열 개 모이면 십만, 백 개 모이면 백만, 이런 식이다. 만이 만 개 모이면 새 단위가 필요하다. 바로 일억이다. 그래서 우리에게는 억 단위가 큰 숫자의 대명사이다. 영어에서는 백만이 새로운 숫자 단위이기 때문에 큰 숫자의 대명사이다. '백만장자'라는 말이 그래서 나왔다. 우리에게 백만은 특별한 의미가 없다. 만이 100개 있을 뿐이다. 우리에겐 '억만장자'가 더 솔깃하다.

이렇듯 우리는 네 자리 단위로 숫자를 읽기 때문에 만은 10,000보다 1,0000으로 써야 더 쉽다. 삼백칠십오만은

375,0000으로 쓰면 편리하다. 우리에게 편리하지는 않지만 익숙한 표기법인 3,750,000은 영어로 읽기가 더 쉽다. 3 다음의 쉼표 때문에 three million으로 바로 읽을 수 있기 때문이다. 숫자가 크지 않을 때는 세 자리로 쉼표를 찍더라도 크게 불편하지 않다. 쉽게 익숙해지기 때문이다. 하지만 523,765,800 정도만 되더라도 우리는 자릿수를 세어 봐야 5억 2천 3백만이라는 말이 나온다. 여전히 영어로는 쉽다. 523million…으로 나가면 되기 때문이다. 만약 네 자리 기준으로 쉼표를 찍는다면 5,2376,5800이 되어 5억 2376만이라는 숫자가 금방 눈에 들어온다.

공공기관의 문서에서 큰 단위 숫자를 쓸 때 천원 단위로 숫자를 표기하는 경우를 많이 봤을 것이다. 가령 강연료로 50만 원이 책정돼 있다고 하면 보통 이를 '500천 원'으로 쓴다. 500,000을 더 쉽게 쓰기 위한 방편이지만 우리의 숫자 체계에서는 혼동을 피할 길이 없다. 최근에 나는 국립자연사박물관 건립과 관련된 자료를 찾아보았다. 거기에는 추정 건립 비용으로 '214,248백만 원'으로 나와 있었다(2016년 추정치)[2]. 액수가 커지니까 아예 백만 단위 이하는 생략하고 표기한 것이다. 백만 원 단위 이하까지 숫자로 쓰면 214,248,000,000원이다. 그냥 봐서

---

2   문화체육관광부, 「국립자연사박물관건립 실행계획 수립 연구」,
https://scienceon.kisti.re.kr/srch/selectPORSrchReport.do?cn=TR
KO201700004473

는 한눈에 얼마인지 알기 어렵다. 이 액수가 얼마인지 알아보려면 자릿수를 세어 봐야 한다. 2천 1백 4십 2억 4천 8백만 원이다. 만약 이 숫자를 2142,4800,0000 이렇게 쓰면 적어도 우리에게는 훨씬 읽기 쉽다. 쉼표로 나누어진 2142는 그냥 2천 1백 4십 2로 읽으면 된다. 자릿수는? 네 자리 쉼표가 둘 있다. 이는 만 자리가 두 번 있다는 얘기다. 만의 만 자리, 즉 억 단위이다. 따라서 2142는 2천 1백 4십 2억이 된다. 너무나 쉽다. 그 뒤의 4천 8백, 그리고 '만'은 더 쉽다. 숫자가 커서 읽기 어려운 게 아니라 자릿점이 우리 체계와 안 맞기 때문에 읽기 어렵다. 그렇다면 공문서에서 큰 숫자를 쓸 때 백만 단위가 아니라 우리 식으로 1억 단위로 끊어서 쓰면 훨씬 편리하다. 즉, '214,248백만 원'이 아니라 '2142.48억 원'으로 쓰면 혼동의 염려 없이 한눈에 숫자를 읽을 수 있다. 실제로 한글 맞춤법을 찾아보면 제44항에 '수를 적을 적에는 만(萬) 단위로 띄어 쓴다.'고 돼 있다. 예컨대 '이천백사십이억 사천팔백만 원' 또는 '2142억 4800만 원'이라고 써야 우리 맞춤법에 맞다. 이렇게 쓰면 아무리 큰 숫자라도 한눈에 알아볼 수 있다.

가장 기본적인 숫자 읽기부터 우리는 불편하다. 숫자만 보면 골치가 아프기 시작하는 것은 여러분 탓이 아니다. 여러분이 '수학머리' 또는 '과학머리'가 없기 때문이 아니다. 과학은 우리 것이 아니라는, 아주 간단한 이유 때문이다.

서구의 숫자 표기가 세 자리 단위를 기본으로 하기 때문에 세

자리마다 고유의 접두사를 도입해서 쓰고 있다. 몇 가지를 적어
보면 다음과 같다.

nano(n) = 1/1,000,000,000 (십억 분의 일)

micro(μ) = 1/1,000,000 (백만 분의 일)

mili(m) = 1/1,000 (천 분의 일)

kilo(k) = 1,000 (천)

mega(M) = 1,000,000 (백만)

giga(G) = 1,000,000,000 (십억)

tera(T) = 1,000,000,000,000 (조)

peta(P) = 1,000,000,000,000,000 (천조)

이들 접두사의 어원은 대부분 고대 그리스어이다. 역시 우리
에겐 낯설고 어렵다. 예컨대 십억을 뜻하는 기가giga는 고대 그
리스어로 거인giant을 뜻한다. 영어로 gigantic은 아주아주 크다,
어마무시하게 크다는 뜻이다. 십억 분의 일을 뜻하는 나노nano
의 어원은 그리스어 나누스nanus로, 난쟁이란 뜻이다. 우리에겐
십억이라는 단위도 익숙하지 않고 giga나 nano라는 말도 어렵
다. 저쪽 사람들은 우리보다 쉽게 익힐 수 있다. 과학을 접하는
출발점이 다를 수밖에 없다.

원래 과학이 어려운 또 다른 이유가 있다. 과학은 원래 우리
것이 아닐 뿐더러 본질적으로 인간이 아니라 자연에 관한 지식

체계이다. 인간에 관한 지식이 아니기 때문에 인간에게 낯설다. 자연을 잘 기술하기 위해서는 자연의 언어, 또는 우주 본연의 언어를 써야 한다. 만약 인간이 이 우주에서 굉장히 특별하고 중요한 존재라면 우주를 기술하는 언어로서의 과학이 인간에게도 무척 친숙할 것이다. 불행히도 이는 사실이 아니다. 우주의 언어는 인간에게 아주 낯설다. 그래서 과학이 어렵다.

———

　인간 중심에서 자연 중심으로 극적인 전환이 일어난 대표적인 사례가 도량형이다. 학창 시절 역사 과목을 공부하다 보면 도량형을 통일했다는 표현을 심심찮게 읽을 수 있었다. 기원전 221년 사상 처음으로 중국을 통일한 진시황이 가장 먼저 한 일이 도량형 통일이었다는 일화는 유명하다. 길이나 질량, 부피의 단위가 동네마다 다르면 사회적으로 큰 혼란이 생길 것임은 분명하다. 여러 개의 조그만 나라로 쪼개져 있을 때야 별 문제가 없겠지만 하나의 큰 나라로 통합하려면 어디서나 똑같은 척도가 적용돼야 한다. 통일 제국의 완성은 영토를 합치는 것 이상을 필요로 한다. 우리나라도 1894년 갑오개혁 때 새로이 도량형을 통일한다는 내용이 포함돼 있다. 고등학교 때 입시를 준비하면서 열심히 외웠던 대목이기도 하다. 도량형이 제멋대로면 결국 힘 있는 사람들 마음대로 척도를 늘렸다 줄였다 하면서 힘

없는 백성들을 괴롭히기가 쉬웠을 것이다. 하물며 단위가 통일된 지금도 가게마다 삼겹살 1인분의 정량에 차이가 나면 소비자들이 엄청 반발할 것이다. 조선시대 암행어사들은 마패 말고도 유척鍮尺을 들고 다녔다고 한다. 유척은 놋쇠로 만든 측정 기구로 관리들이 길이나 부피 같은 도량형을 속이는지 알아보는 데에 사용했다.

도량형이 제각각이라 사회가 혼란스러웠던 것은 서구도 마찬가지였다. 1789년 대혁명 때 프랑스 민중들이 세상을 뒤엎은 다음 가장 먼저 요구했던 사항 중 하나가 새로운 도량형의 제정이었다. 그렇게 탄생한 것이 미터법이다. 미터법이 정립되고 오늘날의 모습을 갖추기까지는 꽤 오랜 시간이 걸렸다.

바스티유 감옥이 털린 이듬해인 1790년 프랑스 국민회의는 반주기半週期가 1초인 진자의 길이를 길이의 기본 단위로 정했다.[3] 천장에 줄을 고정시키고 줄의 다른 편 끝에 추를 매달면 가장 간단한 진자가 된다. 추를 수직 방향에서 조금 당겼다가 놓으면 추는 줄에 매달려 반대편으로 갔다가 다시 원래 위치로 돌아오는 운동을 반복한다. 이것이 진자 운동이다. 추가 어떤 위치에서 반대편까지 갔다가 다시 원래 위치로 돌아오는 데에 걸리는 시간을 주기라고 한다. 반주기는 주기의 절반에 해당하는 시간이다. 진자의 주기에는 중력가속도와 진자의 길이가 영

---

3   로버트 P. 크리스, 『측정의 역사』, 노승영 옮김, 에이도스(2012).

향을 준다. 지금 우리가 쓰는 단위에 맞춰 진자의 주기 공식에 2초를 넣고 중력가속도 값을 대입하면 진자의 길이가 약 1m로 나온다.

이듬해인 1791년에는 과학연구기관인 프랑스아카데미에서 파리를 지나는 사분자오선의 천만 분의 일을 길이의 기본 단위로 제안했다.[4] 이 기본 단위를 이때 처음으로 '미터meter'라 불렀다. 사분자오선이란 자오선의 1/4에 해당하는 길이로 북극점에서 지구 표면을 따라 적도에 이르는 최단 경로이다. 이런 경로는 무한히 많을 수 있는데 그중에서 파리를 지나는 사분자오선을 길이의 표준으로 삼겠다는 얘기이다. 지구의 반지름이 약 6370km이니까 북극에서 남극을 거쳐 다시 북극으로 돌아오는 대원 둘레의 길이(반지름에 2π를 곱하면 된다)가 4천만m를 약간 넘는다.[5] 이 길이의 1/4이면 약 천만m, 따라서 사분자오선의 천만 분의 일은 1m에 해당한다. 1m를 정확하게 정의하기 위해 실제로 북극점에서 파리를 거쳐 적도에 이르는 경로를 탐사하기도 하였다.

얼핏 생각하기에도 1m를 이렇게 정의하면 상당히 불편할 것 같다. 누구라도 1m를 정확하게 측정하려면 북극에서 파리를 지나 적도에 이르는 탐사를 해야 하니 여간 성가신 일이 아니다.

4　　이호성, 「SI 기본 단위 재정의」, 물리학과 첨단기술, 2018. 3.

5　　$2\pi \times 6370km = 40,023,890.4067m$

여정의 중간에 산이나 계곡, 웅덩이나 호수, 심지어 바다를 만나더라도 오로지 직진해야 한다. 게다가 그 먼 거리에 걸쳐 균일하지 않고 울퉁불퉁한 지표면을 따라 어떻게 정확하게 거리를 잰단 말인가? 쉽지 않다.

이 무렵은 대혁명이 일어난 직후라 세상이 전반적으로 어수선했다. 1793년 루이16세가 단두대에서 처형되었고 몇 달 뒤 로베스피에르의 공포 정치가 시작되었다. 프랑스가 낳은 위대한 화학자였던 라부아지에는 1794년 세금징수조합의 간부로서 처형되었다. 1799년에는 나폴레옹이 쿠데타를 일으켰고 1804년 황제에 취임했다.

미터법이 큰 전기를 맞은 것은 19세기 후반이었다. 1870년 국제미터위원회가 출범했고 1875년 5월 20일, 드디어 국제미터협약이 17개국 사이에 체결되었다. 이날을 기려 5월 20일은 지금도 세계 측정의 날로 기념하고 있다. 이때 국제도량형국 International Bureau of Weights and Measures, Bureau International des Poids et Measures, BIPM을 설립하기로 합의했다. 제1차 국제도량형총회가 개최된 것은 1889년이었다. 1차 총회 결과 1m는 미터원기라 불리는 금속 막대의 길이로 정의되었다.[6] 그러니까 임의로 막대 하나를 기준으로 정해서 그 길이를 1m라 하기로 약속한 것이

---

6   BIPM, 「Resolution of the 1st CGPM(1889)」, https://www.bipm.org/en/
       committees/cg/cgpm/1-1889/resolution-1

다. 이 막대가 길이의 세계 표준이니까 그 길이가 쉽게 변하면 안 된다. 그래서 백금 90%와 이리듐 10%를 섞은 합금으로 만들었다. 그 모양이 뒤틀리는 것을 막기 위해 미터원기의 단면은 X자 비슷한 문양을 갖고 있었다. 미터원기의 정밀도는 천만 분의 일 정도였다.

그러나 이런 식으로 길이의 단위를 정하면 문제가 생긴다. 무엇보다 인간이 만든 막대 자체의 길이가 변할 수 있다. 또한 전 세계에서 똑같은 길이의 표준을 이용하려면 각 나라에 미터원기와 똑같은 막대를 보급해야 한다. 실제로 한동안 파리의 국제도량형국에는 미터원기가 금고 속에 잘 보관돼 있었고 각 나라에서는 미터원기의 복제본을 갖고 있었다. 그렇다면 각 나라의 복제본이 원본과 항상 같다는 걸 어떻게 확신할 수 있을까? 정기적으로 복제본과 원본을 비교하는 수밖에 없다! 모든 나라에서 몇 년에 한 번 특수 제작한 가방에 미터 복제기를 넣고 비행기를 타고 파리까지 날아와 미터원기와 비교하는 장면을 상상해 보라. 지난 세월 한동안 우리는 이렇게 살았다. 누가 생각해도 이건 뭔가 개선이 필요한 상황이다.

그래서 등장한 것이 이른바 '자연표준'이다. 1960년 10월 14일, 국제도량형국은 미터원기에 의존한 1m의 정의를 포기하고 다소 복잡한 새 정의를 내놓았다. 크립톤86 원자의 2p10과 5d5 에너지 준위 차이에서 나오는 진공 중 빛의 파장의 1,650,763.73배에 해당하는 길이를 1m로 정의했다.[7] 영화 「슈퍼맨」에서나 들어봤을 크립톤이라는 원소에다 이상한 숫자와 기호의 향연이라니, 굳이 1m를 이렇게 복잡하게 정의할 필요가 있을까 하는 생각이 들 법도 하다. 이 정의를 완전히 이해하려면 원자 이하의 미시세계를 지배하는 자연법칙인 양자역학을 어느 정도 알아야 한다. 여기서 꼭 알아 두어야 할 점은 이렇다. 모든 원자는 높은 에너지 상태에서 낮은 에너지 상태로 떨어질 때 그 에너지 차이만큼 빛을 방출한다. 이때 방출되는 빛의 에너지는 파장에 정확히 반비례한다. 즉 큰 에너지가 방출되면 파장이 짧아진다. 나머지 복잡한 숫자나 기호는 그저 디테일일 뿐이다. 저 복잡한 상황에서 나오는 빛은 주황색 빛으로 파장이 1/1,650,763.73m이다. 이 값은 양자역학의 기본 원리로부터 결정되는 값이다. 그렇다면 이 값은 양자역학이 변하지 않는 한, 즉 양자역학이 우리 우주의 기본 원리로 작동하는 한 변하지 않는다. 뿐만 아니라 이 값은 우주 어디에서라도 똑같다. 이웃 은하인 안드로메다에 사는 외계인에게도, 우주 저 끝 반대편에 있을지도 모를 외계인에게도, 그리고 토르나 타노스에게도 이 값은 똑같다. 1960년 정의로 미터의 정밀도는 약 10억 분의 일 정도로 높아졌다. 미터의 기준이 우리가 임의로 만든 물건에서 자연에 존재하는 어떤 값으로 바뀌었기 때문에 이를 자연표준이

7　　BIPM, 「Resolution 6 of the 11th CGPM(1960)」, https://www.bipm.org/en/committees/cg/cgpm/11-1960/resolution-6

라고 한다.

물론 파리를 지나는 사분자오선의 길이도 일종의 자연표준이다. 그러나 지구는 우주의 보편성과 거리가 멀다. 파리를 지나는 사분자오선의 천만 분의 1을 1m로 정의하면 안드로메다의 외계인이나 타노스는 1m가 어느 정도의 길이인지 알 길이 없다. 왜냐하면 지구가 보편적이지 않기 때문이다. 지구는 우주에 깔려 있는 무수히 많은 조그만 돌멩이 중 하나에 불과하다. 반면 크립톤86은 주기율표에 있는 36번째 원소의 특정한 동위원소이므로 과학이 충분히 발달한 문명권이라면 이 원소를 구할 수 있다. 따라서 진정한 자연표준은 우리 우주의 보편성을 담지하고 있어야 한다. 여기서 우리는 '보편성'을 추구하는 일(주기율표를 만들고 양자역학을 발견하는 등)이 얼마나 중요한지 엿볼 수 있다.

샘 킨은 『사라진 스푼』에서 자연표준 덕분에 단위의 정의를 이메일로 보낼 수 있다고 말한다.[8] 내 생각에 이는 자연표준의 보편성을 가장 잘 표현한 말이다. 미터원기는 이메일로 보낼 수 없다. 미터원기로 정의한 1m도 이메일로 보낼 수 없다. 크립톤 원자로 정의한 1m는 이메일로 보낼 수 있다. 원소명과 에너지 준위, 파장의 배수만 적어 보내면 된다. 과학기술이 발달한 문명이라면(양자역학도 알아야 하고 파장도 측정할 수 있어야 하고) 이

8　　샘 킨, 『사라진 스푼』, 이충호 옮김, 해나무(2011).

메일에 적힌 숫자 몇 개만으로 1m를 훌륭하게 재현할 수 있다. 타노스에게도 우리의 1m를 알려 줄 수 있다. 만약 지구가 멸망해서 우리가 화성이나 다른 행성으로 이주해야 한다고 상상해 보자. 새 보금자리에서 인류의 문명을 재건하려면 챙겨야 할 것들이 많을 것이다. 미터원기로 1m를 정의한다면 우리는 특수 제작된 용기에 미터원기를 담아 우주선에 고이 모셔 실어야 할 것이다. 하지만 크립톤 정의를 받아들인다면 그럴 필요가 없다. 1m의 정의를 종이에 적거나 교과서를 챙기거나, 그런 게 여의치 않다면 똑똑한 몇 명에게 암기시켜도 된다.

1m의 정의는 1983년 다시 갱신된다. 이번에는 광속을 기준으로 정의가 바뀌었다. 빛은 진공 속에서 초속 약 30만km, 즉 약 3억m 진행한다. 정확한 값은 299,792,458m이다. 그러니까 1m는 빛이 진공 속에서 1/299,792,458초 동안 진행한 거리로 정의할 수 있다(물론 이 정의가 성립하려면 1초를 다른 식으로 먼저 정의해야 한다). 광속으로 정의한 1m의 정밀도는 약 10억 분의 1이다. 아인슈타인의 상대성이론에 따르면 광속은 우리 우주의 아주 특별한 상수 중 하나로서 그 어떤 물리적인 신호도 광속을 능가할 수 없다. 또한 그 어떤 상대적인 운동을 하더라도 광속은 항상 광속이다. 이를 광속불변이라 한다. 광속불변은 아인슈타인이 특수상대성이론을 만들 때 가장 중요하게 여긴 가정이다.

광속을 이용한 미터의 정의에는 2002년 권고안이 하나 붙어 있다. 광속을 이용한 정의는 일반상대성이론의 효과를 무시할 수 있는 길이에만 적용돼야 한다는 내용이다.[9] 이를 이해하려면 일반상대성이론의 기본 원리와 그 중요한 결과를 알아야 한다. 일반상대성이론에 따르면 지구나 태양 주변의 시공간이 휘어지고 그에 따라 그 주변을 지나는 빛도 휘어진 경로를 따라 움직인다. 지구 표면을 스치듯 지나는 빛은 1m 진행할 때 약 1경 (1조의 만 배) 분의 1 정도 빛이 꺾인다. 그러니까, 광속을 이용해 1m를 정확하게 정의하려면 상대성이론을 정말 잘 알고 있어야 하는 셈이다.

기초과학이 솔직히 밥 먹여 주냐, 우리는 당장 먹고사는 데에 도움이 되는 기술 개발에 집중하는 게 옳다, 이런 얘기를 평소에 많이 듣는다. 수많은 물리학자들이 오랜 세월에 걸쳐 이런 질문을 하도 많이 들어서 여기에 대한 나름의 모범답안도 몇 개 마련해 두었다. 내가 제안하는 모범답안 중 하나는 1m의 정의에 관한 것이다. 상대성이론과 양자역학(1초를 정의하려면 알아야 한다)을 모르면 1m를 정확하게 정의할 수 없다. 미터법은 문명이다. 기초과학을 모르면 문명의 재건이 필요할 때 우리가 할 수 있는 일이 없다.

미터법 하면 떠오르는 나라가 영국과 미국이다. 이 두 나라는 일상에서 아직 미터법보다는 야드파운드법 또는 거기서 파

---

9   BIPM, 「Revision of the practical realization of the definition of the metre」, https://www.bipm.org/documents/20126/41483022/si-brochure-9-App1-EN.pdf/3f415ca7-130b-7ebb-757a-bf8c0e87d9ce

생된 미국단위계를 더 많이 쓴다. 세계에서 가장 문명화된 나라에서 아직도 이런 단위계를 널리 쓰고 있다는 게 참 역설적이다. 1999년 미국의 화성기후탐사선이 화성 궤도에 진입하려다 원래 계획보다 약 100km 낮은 궤도로 진입하며 실종(폭발 또는 궤도 이탈)된 사건이 있었다. 원인은 도량형 불일치였다. 탐사선을 운용했던 미 항공우주국NASA은 미터법을 쓴 반면 제작사인 록히드 마틴은 야드법으로 데이터를 전송하게 만들었다.[10] 우주 탐사에 가장 독보적인 미국에서, 그것도 20세기 말에 이런 사고가 있었다니 잘 믿기지 않는다.

방금 봤듯이 1m 자체는 인간에게 친숙한 단위이지만(대략 성인 팔 길이 정도) 그 정의는 인간의 일상과 아주 거리가 멀다. 1초도 마찬가지이다. 처음에는 인간 일상을 중심으로 정의했다. 하루 24시간을 초로 환산하면(1시간이 3,600초이니까 24에 3,600을 곱하면 된다) 86,400초이다. 그러니까 하루를 기준으로 1초를 정의하면 하루, 즉 지구가 한 바퀴 자전하는 데에 걸리는 시간의 86,400분의 1을 1초로 정할 수 있다. 실제 1940년대까지는 1초를 이렇게 정의했다. 문제는 지구가 한 바퀴 도는 데에 걸리는 시간이 일정하지 않다는 것이다. 특히 달과 태양의 기조력 때문

---

10   Stephenson, Arthur G., LaPiana, Lia S., Mulville, Daniel R., Rutledge, Peter J., Bauer, Frank H., Folta, David, Dukeman, Greg A., Sackheim, Robert, Norvig, Peter(1999. 11. 10.), Mars Climate Orbiter Mishap Investigation Board Phase I Report, NASA.

에 해수면이 부풀어 올라 지구의 자전이 아주 조금씩 느려진다.

1956년에는 국제도량형위원회에서 1년을 기준으로 1초를 정의하기로 결정(1960년 도량형총회에서 확정)했다.[11] 1년은 약 365일이니까 앞선 86,400이라는 숫자에다 365를 곱하면 1년을 초로 환산할 수 있다. 국제도량형총회에서는 춘분에서 다음 춘분까지 걸린 시간인 1회귀년(또는 태양년)을 기준으로 1초를 정의했다. 지구의 공전을 기준으로 1초를 정의했으니 이 또한 일종의 자연표준이라 할 수도 있다. 그러나 별 의미는 없다. 왜냐하면 지구나 태양이 우리 우주에서 아주 흔한 별과 행성이기 때문이다. 만약 지구나 태양이 우주의 중심이라면 이 천체들은 우주의 굉장히 특별한 존재이기 때문에 어떤 의미를 부여할 수도 있다. 현실은 그렇지 않다. 우리 우주에는 수천 억 개가 넘는 은하가 있고 각 은하마다 수천 억 개의 별이 있다. 태양은 아주 흔해 빠진 별이다. 지구는 그 주변을 돌고 있는, 더 흔해 빠진 돌덩어리에 불과하다. 돌멩이 하나가 어떤 별 주변을 도는 데에 걸리는 시간에 자연의 보편법칙이 깃들어 있지는 않다. 이렇게 생각해 보면 더 쉬울 것이다. 1960년의 정의로는 우주 반대편에 있는 외계인에게 1초를 설명할 길이 없다. 태양이 뭔지, 지구가 뭔지 알게 뭐야?

11　　BIPM, 「Resolution 9 of the 11th CGPM(1960)」, https://www.bipm.org/en/committees/cg/cgpm/11-1960/resolution-9

그래서 등장한 것이 원자시계를 이용한 정의이다. 1967년 국제도량형총회에서는 1초를 다음과 같이 정의했다.[12]

"1초는 세슘133 원자 바닥상태의 두 초미세 준위 차에서 나오는 빛의 9,192,631,770 주기에 해당하는 시간이다."

이 정의의 기본 원리는 1960년의 1m 정의와 같다. 높은 에너지 상태에 있던 원자가 낮은 에너지 상태로 떨어질 때 그 에너지 차이만큼이 빛으로 방출된다. 빛의 에너지는 진동수에 정비례(따라서 파장에 반비례)한다. 그 비례 상수가 바로 미시세계를 지배하는 양자역학의 기본 상수인 플랑크 상수이다. 1960년의 1m 정의는 크립톤 원자에서 나오는 주황빛의 파장을 기준으로 했고 1967년 1초의 정의는 세슘 원자에서 나오는 특정한 빛의 진동수를 기준으로 했다. 이 빛은 기존의 1초라는 시간 동안약 92억 번(정확하게는 91억 9263만 1770번) 진동한다. 그러니까 이특정한 빛이 약 92억 번 진동하는 데에 걸린 시간을 1초로 삼을 수 있다. 특정 원자의 에너지 준위 차이에서 나오는 빛의 에너지와 진동수는 양자역학의 규칙에 따라 정해진다. 양자역학은 우리 우주의 가장 기본적인 작동 원리이다. 따라서 1967년

---

12   BIPM, 「Resolution 1 of the 13th CGPM(1967)」, https://www.bipm.org/en/CGPM/db/13/1/

의 정의는 우주 반대편 외계인도 (주기율표와 양자역학을 알 만큼 똑똑하다면) 충분히 이해할 수 있는 진정한 자연표준이다. 이 정의는 기본적으로 지금도 1초의 정의로 사용된다.

만약 초당 진동수가 훨씬 더 큰 빛을 이용해서 원자시계를 만들면 어떨까? 당연히 정밀도가 높아질 것이다. 92억 번 진동으로 1초를 정의하는 것과 가령 920억 번 진동으로 1초를 정의하는 것의 차이를 생각해 보라. 1초를 훨씬 더 정밀하게 정의할 수 있을 것이다. 실제 미국의 국립표준기술연구소National Institute of Standards and Technology, NIST에서 보유하고 있는 스트론튬 시계는 초당 진동수가 무려 430조 번에 달한다. 2014년 한국이 미국과 일본에 이어 세계 3번째로 개발한 이터븀 시계는 진동수가 약 518조 번이다. 이 시계의 오차는 1억 년에 1초로, 이론적으로는 300억 년에 1초도 가능하다.[13]

길이, 시간과 함께 가장 기본이 되는 단위는 질량 단위[14]인 킬로그램이다. 국제도량형총회가 처음 열리기 전인 1791년(파리 사분자오선을 기준으로 1m를 정의했던 그해) 프랑스아카데미는 가로 세로 높이가 각각 1m인 $1m^3$(세제곱미터, 입방미터)의 부피 속에 들어 있는 증류수의 질량을 질량 단위로 정했다. 4년 뒤인

---

13 한국표준과학연구원, 「1억 년에 1초 오차를 가지는 광격자 시계 개발」, https://www.kriss.re.kr/information/report_data_view.do?seq=567

14 질량과 무게는 다르다. 질량은 물체에 일정한 힘을 가했을 때 속도가 변하지 않는 정도를 나타내는 물성이고 무게는 지구가 물체를 당기는 힘이다. 질량에 중력가속도($9.8m/s^2$)를 곱하면 무게가 나온다.

II. 과학은 왜 그리도 성공적이었을까

81

1795년에는 섭씨 4도의 물 1cc를 1그램으로 정의했다. 1889년 제1차 도량형총회에서는 미터와 마찬가지로 금속 덩어리를 하나 만들어서 1킬로그램으로 정의했다. 국제킬로그램원기International Prototype Kilogram, IPK[15]라 부르는 이 금속 덩어리는 90%의 백금과 10%의 이리듐 합금으로 지름과 높이가 모두 39mm인 원기둥이었다. 이렇게 인간이 임의로 금속 덩어리를 하나 만들어서 1킬로그램이라 정의한 시스템이 작동하려면 완전히 똑같은 금속 덩어리를 세계 곳곳에 퍼뜨려 질량의 기준으로 삼아야 한다. 외계인에게도 알리려면 우주 반대편까지 보내야 한다. 따라서 원본과 함께 많은 복제품이 필요하다. 각 나라에 배포된 복제본(국가원기)도 필요하고 도량형국에서 사용할 복제본도 필요하다. 이 무렵 40개의 복제원기가 만들어졌다. 각 원기에는 번호가 붙어 있다. 한국은 총 4기의 국가원기를 갖고 있다. 39번, 72번(1989년 배정), 84번(2003년 배정), 111번(2017년 배정)이다. 39번은 1894년 일본에 배정되었다가 1958년 한국에 귀속되었다.[16]

'인공원기 시스템'이 유지되려면 복제품을 많이 만드는 것만으로는 불충분하다. 원본과 복제품이 항상 같은 질량을 유지하는지 '사후 관리'도 철저해야 한다. 그래야 이 시스템이 유지된

---

15 또는 '르 그랑 K(Le Grand K)'라고도 한다.

16 김동민, 김명현, 우병칠, 이광철, 「킬로그램의 재정의」, 물리학과 첨단기술, 2018. 3.

다. IPK는 그 자체가 1킬로그램의 정의에 해당하는 원본이니까 아주 중요한 물건이다. 그래서 국제도량형국 금고에 잘 보관해 왔다. 이 원본은 금고에서 세상 밖으로 나온 적이 별로 없다. 닳 거나 손상되는 등의 이유로 IPK의 물성이 달라지면 큰일 날 일 이다. '사후 관리'를 위해 원본과 국가원기를 비교한 횟수는 지 금까지 딱 세 번으로 1889년, 1948년, 1989년에 있었다. 도량 형국이 갖고 있는 복제원기와 국가원기는 훨씬 자주 비교된다. 우리나라는 주로 72번 원기를 들고 다녔다.

이쯤 되면 '인공원기 시스템'이 얼마나 불편한지 감이 올 것 이다. 몇 년에 한 번씩 각 나라에서는 자국의 국가원기를 들고 프랑스로 날아가 도량형국의 복제원기와 비교해야 한다. 게다 가 3차 검증 때 금고 속의 원본과 국가원기의 질량 차가 계속 벌어져 100년 동안 약 $50\mu g$ 정도 차이가 난 것으로 확인되었다. 불편한 데다 정밀도도 떨어지지만 킬로그램원기는 1889년 질 량의 기본 단위로 정의된 이래 무려 130년 동안 그 지위를 유지 해 왔다. 대안이 마땅치 않았기 때문이다. 지난 2011년 킬로그 램을 자연 상수 중 하나인 플랑크 상수를 이용해 다시 정의하기 로 원칙적으로 합의했으나 최종 결정이 2014년으로 연기되었 다가 2018년 11월에야 국제도량형총회에서 최종적으로 결정되 었다. 이 결정 사항은 2019년 5월 20일(제1차 세계도량형총회가 열 렸던 날로, 세계 측정의 날이다)부터 시행되었다. 킬로그램과 아울 러 전류의 단위인 암페어ampere, 물질의 양 단위인 몰mole 수,

절대 온도 단위인 켈빈kelvin도 모두 자연 상수를 기반으로 재정의되었다.

과학에서 가장 중요한 단위 중 하나인 킬로그램이 무려 130년 동안이나 원시적인(?) 방법으로 정의돼 있었다는 사실은 보기에 따라서는 놀랍기도 하다. 2018년에야 자연표준으로 바꾸기로 결정할 수 있었던 이유는 충분한 정밀도를 확보하기 위해서였다. 국제도량형국의 질량 및 관련량 자문위원회에서 제시한 재정의의 필요조건은 독립적으로 3개 이상 실험으로 구한 플랑크 상수 값들이 1억 분의 5 이내로 일치해야 하며 그중 최소 하나의 결과가 1억 분의 2 이내의 상대불확도를 가져야 한다는 점이었다.[17] 이처럼 엄격한 조건을 만족해야만 새 정의에 따른 혼란을 줄일 수 있고 일상생활에서도 기존의 질량을 그대로 사용할 수 있다. 킬로그램 단위가 다시 정의되었다는 소식이 전해지자 그렇다면 지금까지의 질량이 달라지는 건가, 내 몸무게도 달라지나, 이런 얘기가 많이 나돌았으나 이는 사실이 아니다. 지금까지 쓰던 체계의 연속성을 모른 체할 만큼 과학자들이 이기적이지는 않다.

이제 1킬로그램은 다음과 같이 정의돼 있다.[18]

---

17   ibid.

18   BIPM, 「SI base unit: kilogram(kg)」, https://www.bipm.org/fr/si-base-units/kilogram

"1킬로그램은 플랑크 상수 h의 값을 $kg \cdot m^2 \cdot \sec^{-1}$의 단위로 썼을 때 $6.62607015 \times 10^{-34}$라는 고정된 값을 가지도록 정의한다."

이를 조금 풀어서 설명하자면, 지금까지는 플랑크 상수를

$$h = 6.62607015 \times 10^{-34} kg \cdot m^2 \cdot \sec^{-1} \qquad (1)$$

라고 써 왔는데 이 숫자를 이용해서 이제부터는(위 식에서 kg을 남기고 나머지를 모두 좌변으로 넘기면) 다음과 같이 쓰자는 말이다.

$$1kg = \left(\frac{h}{6.62607015 \times 10^{-34}} \right) m^{-2} \cdot \sec \qquad (2)$$

위의 식 (2)는 식 (1)을 약간 바꾸었을 뿐이다. 간단한 나눗셈과 분수 및 지수표기법만 알면 초등학생이나 중학생도 이해할 수 있는 산수이다. 하지만 식 (1)에서 식 (2)로의 변화는 좀 눈여겨볼 만하다. 식 (1)은 지금까지 플랑크 상수를 킬로그램kg과 미터m와 초sec로 정의했음을 보여 준다. 이때 킬로그램은 인간이 임의로 만든 금속 덩어리의 질량이다. (미터도 예전엔 그랬다) 그러니까, 식 (1)은 자연의 근본 상수(플랑크 상수)를 인간에게 편리하고 익숙한 단위로 정의한 것이다. 정의상 킬로그램원기는 오차가 없다. 대신 플랑크 상수 값이 오차를 가졌다.

반면 식 (2)는 자연의 근본 상수 값이 완전히 고정되었다. 즉, 플랑크 상수 값의 오차를 0으로 만들었다. 다시 말해, 플랑크 상수의 값을 위의 숫자로 고정해서 아예 '정의'해 버렸다. 그러고는 이렇게 고정된 자연 상수 값으로부터 인간이 쓰는 단위(kg)를 정의한다. 그 결과, 단위에 오차가 들어올 수밖에 없게 되었다. 간단히 말해, 인간이 만든 척도의 오차를 0으로 하고 자연 상수의 오차를 용인했던 방식에서 자연 상수의 오차를 0으로 만들고 인간이 쓰는 척도의 오차를 용인한 셈이다. 그렇게 한 이유는 앞서 누차 말했듯이 (광속을 이용한 1m의 정의에서도 이미 보았듯이) 자연표준이라는 보편성이 주는 이점 때문이다.

이런 사고방식은 아인슈타인의 상대성이론에 담긴 철학과 비슷하다. 상대성이론은 한마디로 인간에게 편리하고 익숙한 시간과 공간의 절대성을 포기하고 이 우주의 근본적인 성질을 담지하고 있는 물리량인 광속을 절대적인 기준으로 삼아 인간의 언어인 시간과 공간을 재해석한 이론이다. 식 (1)과 (2)의 차이도 이와 비슷하다.

생각의 틀을 이렇게 바꾸고 보면 미터나 킬로그램의 정의에 등장하는 숫자가 왜 그리 괴상망측한지 이해가 간다. 자연의 근본 원리가 인간의 일상과 아주 거리가 멀기 때문이다! 과학은 인간의 것이 아니고 자연의 것이다. 그래서 관련 숫자들조차 우리에게 익숙하지 않고 복잡하다. 우리 인간이 우주의 중심이고 근본 원리를 담지하고 있다면 이를 숫자로 표현한 자연 상수들이 우리에게도 아주 익숙한 모습일 것이다. 가령 1m는 우리의 신체 크기와 비슷하다. 그러나 코페르니쿠스 이후로 우리는 우주의 변방으로 일찌감치 밀려났다. 과학이 인류에게 가져다 준 가장 큰 선물은 아마도 우리가 이 우주의 특별한 존재가 아니라 그저 그렇고 그런 존재라는 겸손함을 가르쳐 준 게 아닐까? 나는 저 해괴망측한 숫자들을 볼 때마다 이 우주의 원대함과 우리 인간의 보잘것없음을 느낀다. 뒤집어서 생각하면 이 우주에서 그렇게 보잘것없는 우리 인류가 이제는 여기까지 와서 이 우주 자체를 이만큼이나 이해하고 있으니, 이 또한 얼마나 갸륵한 일인가!

II. 과학은 왜 그리도 성공적이었을까   87

2. 보편적인 정보로서의 과학

과학은 가장 보편적인 지식으로서의 지위를 차지하고 있다. 근대과학을 확립한 뉴턴의 대표적인 작품인 '만유인력의 법칙'의 다른 말이 '보편중력의 법칙Law of Universal Gravitation'인 것은 남다른 의미가 있다. 그전까지의 세계관에서는 달 아래의 지상계와 달 이상의 천상계를 지배하는 법칙이 완전히 달랐다. 뉴턴은 천상의 달부터 지상의 사과에 이르기까지 우주의 삼라만상을 자신의 중력법칙 하나로 완벽하게 기술해, 천상과 지상의 경계를 허물고, 하나로 통합하는 보편법칙의 새 시대를 열었다. 이는 곧 근대과학의 새 시대이기도 했다. 후대의 거의 모든 과학자들, 20세기를 지나 지금 21세기까지도 대부분의 과학자들이 궁극적으로 추구하는 바는 바로 자연의 보편법칙이다.

과학의 보편성이 중요한 이유는 그 탄생의 지역적 편중에도 불구하고 여타 다른 어느 지역에서든 자연현상의 기본 법칙을 추구하면 똑같은 결과에 이를 것이기 때문이다. 즉, 표현 방법이 다를 수는 있으나 조선에서 중력을 연구했더라도 보편중력의 법칙을 얻었을 것이라는 이야기이다. 이는 지구라는 행성뿐만 아니라 (우리가 기대하기로) 전 우주적으로도 적용되는 말이다. 충분히 지적으로 고등한 생명체가 우주 어딘가에 있다면 지금 우리가 알고 있는 상대성이론과 양자역학을 이해하고 있을 것이다.

이런 기대와 믿음은 중요하다. 1972년 발사된 우주탐사선 파이어니어10, 11호에는 혹시 있을지도 모를 외계인에게 보여 줄 지구와 지구인의 정보를 담은 금속판이 붙어 있었다. 여기에 그려진 메시지는 모두 수학과 현대과학의 성과를 외계인도 알고 있으리라는 가정 하에 작성되었다. 즉, 수학과 과학은 우주 전체의 공통적이고 보편적인 언어라는 말이다. 만약 우리 우주의 어느 한쪽 구석에서는 지금 우리가 알고 있는 물리법칙과 전혀 다른 법칙이 작동한다면 아마도 파이어니어호의 금속판은 별 의미가 없을 것이다.

과학이 다른 학문과는 구분되는, 때로는 특별한 지위를 누리는 것은 바로 이 보편성 때문이지 않을까 싶다. 여기서 과학이 보편적이라 함은 과학적 내용이 하나의 '정보information'로서 보편적이라는 뜻이다. "우라늄235라는 원소를 순도 높게 일정량 이상 모으면 엄청난 폭발이 일어날 수 있다."는 진술은 그 자체로 하나의 정보이다. 미국의 과학자든 한국의 과학자든 저 멀리 우주 어딘가의 타노스든 누구에게라도 성립하는 사실이다. 정보로서의 보편성은 그 내용이 자연현상 또는 다른 확립된 원리와 부합하느냐로 판단될 뿐이다.

과학철학자들 중에는 과학적인 내용이 사회적으로 구성되기 때문에 그 결과물이 정치적인 합의와 본질적으로 다르지 않다고 주장하는 사람도 있다. 그렇다면 과학이 특권적 지위를 가질 이유도 사라진다. 과학 또한 사람이 하는 활동이다 보니 과학의 사회성을 완전히 무시할 수는 없다. 양자역학의 그 유명한 '코펜하겐 해석'[19]이라는 것도 따지고 보면 일부 과학자들의 합의된 규약 아닌가?

아마도 대부분의 과학자들은 이런 주장에 크게 동의하지 못할 것이다. 과학 활동의 사회성과 정보로서의 과학이 갖는 보편성·객관성은 서로 다른 추상 수준에 놓여 있다. 어떤 분야의 정보를 어떤 방식으로 어떤 심도로 얻을 것인가는 사회적으로 결정될 문제이다. 그러나 그렇다고 해서 그렇게 얻은 '정보 자체'가 사회성을 내포하지는 않는다. 왜 핵물리학만 유독 발전시켰느냐고 질문할 수는 있으나 그렇게 얻은 핵물리학의 지식 자체에 그 사회의 성격이 반영되지는 않는다.

19　닐스 보어, 막스 보른, 베르너 하이젠베르크 등이 확률론에 기반해 정립한 양자역학의 해석 방법.

이 문제는 과학에 기술이 결합돼 '과학기술'이라는 용어로까지 확장되면 더 복잡해진다. 과학, 기술, 과학기술의 차이점은 무엇일까? 나의 구분법은 이렇다. 과학은 '정보'인 반면 기술은 '실물화 또는 현실화할 수 있는 능력'이다. 이 둘 역시 서로 다른 수준의 개념들이다. 그러니까 과학기술은 자연현상에 대한 정보를 현실화할 수 있는 능력으로 이해할 수 있다. 과학은 정보인 반면 기술은 현실 구현의 문제이기 때문에 기술의 단계에서는 여러 수준의 사회성이 개입될 수밖에 없다. 즉, 어떤 정보(=과학)를 선택해 얼마만큼의 인력과 자원을 투입하고 어느 수준에서 구현할 것인가는 다분히 정치경제적인 이해관계의 조정과 사회적 합의를 거쳐야 하는 문제이다.

이 구분에 따르면 한국 사회는 과학이나 과학기술을 논할 때 주로 현실화 능력, 즉 기술에 초점을 맞추고 있음을 알 수 있다. 정보로서의 과학, 또는 정보 생산 활동으로서의 과학 활동에는 상대적으로 관심이 덜하다. 어떤 과학적 성과를 다룰 때에도 언제나 그 자체의 정보로서의 가치를 따지기보다 그것이 현실에서 가져다 줄 경제적 이득 또는 사회적 편의와 기어이 연결시키고야 만다.

일반인들이나 언론뿐만 아니라 정부에서도 대체로 이런 기조로 정책을 편다. 공무원들이 생각하는 기초과학basic science은 로열티를 벌어다 주는 원천 기술, 또는 이후의 응용 연구나 개발 연구의 첫 단계를 지칭할 때가 많다. 기초과학 그 자체의 가치를 제대로 인정하지 않는다. 그 결과는 참담하다.

교육부에서는 우리 대학이 산업 현장에서 요구하는 인재를 길러 내지 못한다며 현장에 즉시 투입할 수 있는 교과 내용을 가르치도록 구조조정을 유도한다. 이런 인식 속에서는 '정보 생산' 활동으로서의 과학이 들어설 자리가 없다. 좀 심하게 말하자면 교육부는 대학을 기술학교나 직업학교 정도로만 생각하고 있다. 대학은 학문 연구 활동의 가장 기초가 되는 단위이다. 대학이 무너지면 백약이 무효이다.

2019년 기준 전국 4년제 대학 중 물리학과는 겨우 47곳(서울 16, 수도권·지방 31)으로 미설치 비율이 73.9%에 달하며 화학, 수학, 생물학과가 없는 대학도 60%가 넘는다.[20] 그나마 물리학과의 교수 숫자도 많지 않다. 서울대학교의 경우 40여 명, 카이스트가 30여 명, 연세대학교나 고려대학교가 20명 남짓이다. 60명이 넘는 하버드대학교, 80명이 넘는 MIT, 100명 정도의 도쿄대학교, 170명이 넘는 도호쿠대학교와 비교가 되지 않는다.

숫자 얘기가 나오면 항상 인구 대비나 GDP 대비로 모자라지 않는다고 말하는 사람들이 있다. 그러나 한 분야가 독자적으로 학문적인 자생력을 가지려면 최소한의 인력은 확보해야 한다. 그게 얼마인지 정확하게 알 수는 없으나, 위에서 언급한 우리

---

20   김희원, 「대학 10곳 중 7곳 물리학과 없어」, 서울경제, 2019. 7. 22., https://www.sedaily.com/NewsVIew/1VLSKBNDPP

대학의 현실이 자생력과는 아직 거리가 있음을 짐작할 수 있다. 한국의 반도체와 조선 산업이 지금 세계 시장을 주름잡고 있는 이유는 인구나 GDP 대비를 훨씬 뛰어넘는, 말도 안 되는 비대칭적 투자를 했기 때문이다. 일본의 조선업이 쇠퇴한 결정적인 이유는 산업 구조 조정을 하면서 설계와 연구 개발 인력을 크게 줄였기 때문이라는 게 정설이다. 반면 한국은 주력 업체들이 여전히 수천 명 규모의 설계 인력을 확보하고 있다.[21] 일본이나 중국 등과는 비교조차 할 수 없는 규모이다. 설계 인력은 곧 기술력의 출발점이다. 이 덕분에 한국은 2020~21년을 거치며 압도적인 물량 수주로 수주량 세계 1위를 탈환할 수 있었다.[22] 인구나 GDP 대비 규모에만 만족하라는 말은 그냥 지금 수준을 유지하라는 말이다. 한국의 기초과학이 원래 강했다면 이런 주장이 성립하겠지만 현실은 전혀 그렇지 않다.

산업 현장에서 인재가 필요하면 기업이 적극적으로 대학에 투자하든지 스스로 인재를 길러야 하지 않을까? 정부는 그와 관련된 제도를 정비하고 판을 깔아 주면 족하다. 정부가 할 일은 그냥 방치했을 때 고사되고 말 기초과학을 우선 보호하는 일이다. 비유적으로 말하자면 이는 정부가 세금으로 천연기념물

21　노태영, 「'기본설계인력 6000명' 韓조선업 부활의 핵심」, 아시아경제, 2017. 12. 14., https://www.asiae.co.kr/article/2017121409574422556

22　변종국, 「한국 조선, 1분기 세계선박 절반 넘게 수주… 中과 격차 더 벌려」, 동아닷컴, 2021. 4. 7., https://www.donga.com/news/Economy/article/all/20210406/106276809/1

이나 멸종위기종을 보호하는 것과도 비슷하다. 예컨대 반달가슴곰을 살린다고 해서 곰들이 직접 돈을 벌어 주지는 않는다. 반달가슴곰의 가치는 생물종의 다양성을 유지하는 데에 있다. 기초과학의 존재 이유도 마찬가지이다. 게다가 기초과학은 정보 생산의 최선두에 서 있는 분야가 아닌가. 교육부 등의 행태를 보면 한국에서는 기초과학을 하는 사람들이 반달가슴곰만도 못한 게 아닌가 싶은 생각이 들 정도이다. 한국에서 아직 노벨 과학상이 나오지 않은 데에는 이런 풍토도 한몫을 했다.

기술에 대한 우리의 집착을 이해 못할 바도 아니다. 우리에겐 산업화가 늦어 식민 지배와 내전을 겪었다는 공식이 트라우마로 자리 잡고 있다. "산업화는 늦었지만 정보화는 앞서가자!"라는 아주 익숙한 구호를 생각해 보자. 김대중 정부 시절의 이 구호 속에는 '늦었던 산업화'에 대한 깊은 회한이 담겨 있다. 그리고 산업화에 성공한 나라의 원동력으로 보통 과학기술이 지목된다. 이런 집착과 트라우마 또한 외면할 수 없는 엄연한 우리의 현실이다. 다만 나는 현직 과학자로서 기술에 가려진 과학, 즉 보편적인 정보를 생산하고 다루는 활동 또한 균형 있게 평가해야 한다고 생각한다.

———

보편성의 한 일부로서 따로 떼어 생각해 볼 성질이 객관성이다. 과학의 중요한 특징 중 하나가 과학은 '객관적인' 지식 체계라는 점이다. 물론 어떤 철학자들은 세상에 객관적인 것은 없고 과학이 객관적이라는 것은 과학자들의 망상이라고 치부하기도 한다. 예컨대 저기 뉴턴의 앞마당에 서 있는 사과나무가 진짜로 저기 있다는 걸 어떻게 알 수 있냐는 얘기다. 과학자들은 사과나무가 뉴턴 같은 인식의 주체로서의 인간과는 독립적으로 거기에 있다고 여긴다. 또는 그렇게 '믿는다'고 해도 좋다. 이런 인식을 실재주의realism라 한다. 과학자들은 거기서 더 나아가 그 사과나무와 사과라는 열매와 관련한 모종의 정보(또는 규칙) 또한 인간과는 무관하게 존재한다고 생각한다. 이처럼 대상과 정보가 인식의 주체와 독립적으로 존재한다면 인식의 주체가 누구더라도 같은 대상으로부터 같은 정보를 얻을 것이다. 이런 성질을 객관성이라고 한다. 물론 똑같은 대상에 대해 사람마다 조금씩 다른 정보를 얻을 수 있다. 예컨대 사과나무의 높이를 측정하라고 하면 그 결과는 사람마다 다를 것이다. 그렇다고 해서 사과나무의 키라고 하는 개념 자체가 사람에 따라 다른 것은 아니다. 측정값이 사람마다 다른 것은 사람의 문제이지 사과나무라는 대상의 객관성이 없기 때문이 아니다.

과학의 객관성을 담보하는 중요한 수단이 바로 정량화이다. 어떤 기준에 대해 정량화된 정보는 다른 누구에 의해서라도 비교와 검증이 가능하다. 정보가 객관적인지를 확인하려면 일단 다른 많은 사람들이 그 정보를 검증해 일치된 결과가 나오는지를 확인해 봐야 한다. (물론 아무리 많은 사람이 검증한다 하더라도 객관성이 완전히 담보된다고 할 수는 없으나 이 과정이 최소한의 필요조건임은 분명하다) 적어도 그 정도 요건은 갖춰야 무언가가 객관적이라고 말할 수 있다.

조금 달리 말하자면 정량적인 비교로 어떤 정보를 검증하는 과정은 그 정보를 '재현'하는 것과도 같다. 똑같은 결과가 재현되지 않으면 정보의 객관성이 의심받는다. 따라서 어떤 정보가 정확히 재현되었는가, 즉 '재현 가능성'을 따지는 일이 무척 중요하다. 이 작업이 가능하려면 정보의 재현은 정량적인 형태를 띠는 것이 자연스럽다. 과학자들이 죽어라고 숫자에 매달리는 것도 궁극적으로는 이 때문이다.

정량화의 완성은 역시 뉴턴이다. 뉴턴은 다 알다시피 운동방정식을 도입해서 역학 체계를 완성했고 보편중력의 법칙(만유인력의 법칙)을 발견했다. 뉴턴은 힘의 개념을 정량적으로 정의함으로써 정량적인 동역학 체계를 확립했다.[23] 앞선 세대를 살았던 케플러와 갈릴레오도 부분적으로는 정량적인 분석을 시도했다. 케플러의 세 번째 행성법칙은 행성의 공전주기의 제곱이 공전궤도 장반경의 세제곱에 비례한다는 정보를 담고 있다. 갈릴레오는 지표면에서 자유낙하하는 물체의 이동 거리가 시간의

---

23   리처드 샘 웨스트펄, 『뉴턴의 물리학과 힘』, 차동우·윤진희 옮김, 한국문화사
(2014).

제곱에 비례한다는 사실을 알아냈다. 누구라도 이 두 가지 정보를 정량적으로 검증할 수 있다. 뉴턴역학의 체계에서는 한 걸음 더 나아가 이들의 비례 관계를 하나의 정확한 방정식으로 쓸 수 있다.

화학 분야에서 정량화학의 선구적인 역할을 한 사람은 스코틀랜드 출신의 조셉 블랙이었다. 블랙은 이산화탄소를 처음 발견(1754년)한 것으로 유명하다. 블랙은 직접 개량 천칭을 만들어 사용했다. 화학하면 떠오르는 이미지, 천칭으로 정확하게 시료의 질량을 재고 눈금실린더로 용액의 부피를 측정하는 모습 등은 정량 분석이 화학에서 차지하는 역할을 웅변하고 있다. 실제로 정량 분석은 이른바 '화학혁명'으로 근대화학이 성립하는 데에 크게 기여했다.

18세기까지 물질이 불에 타는 연소 과정은 플로지스톤phlogiston이라는 연소 입자의 출입으로 이해하고 있었다. 즉 초나 나무처럼 불에 잘 타는 물질 속에는 플로지스톤이 많이 포함돼 있고 이 플로지스톤이 방출되는 과정이 연소라는 것이다. 그러니까 어떤 물질이 불에 잘 타는 이유는 플로지스톤을 많이 함유하고 있기 때문이다. 플로지스톤을 적게 포함하고 있으면 불에 잘 타지 않는다. 그런데, 금속을 태우고 남은 재를 조사해 보니 미세하게나마 질량이 오히려 증가했음을 알게 되었다. 만약 연소 과정이 플로지스톤을 방출하는 과정이라면 반대로 연소 이후 질량이 줄어들어야 한다. 반응 전후의 이런 미세한 변화를 알아

내려면 정밀하고 정확한 측정이 가능해야 한다. 당시 과학자들은 금속 안의 플로지스톤이 음의 질량을 갖고 있다고 가정함으로써 이 문제를 해결했다. 연소란 산소와의 결합 과정이라고 올바르게 해석해 화학혁명을 촉발한 프랑스의 앙투안 라부아지에는 정량화학의 정점에 있던 사람이었다. 라부아지에가 화학 반응 전후에 질량이 보존된다는 질량보존의 법칙을 정식화할 수 있었던 것도 정량 분석의 뒷받침이 있었기에 가능했다.

개인적으로 정량 분석과 정성 분석의 차이를 크게 느꼈던 적이 있었다. 십여 년 전에 양한방 협진으로 건강검진을 받고 그 결과지를 받아들었을 때였다. 양방 검진 결과와 한방 검진 결과가 따로 나와서 두 결과를 비교할 수 있었다. 모든 결과가 수치로 정리돼 있는 양방의 결과는 일단 이해하기가 쉬웠다. 예컨대 혈당의 정상 수치는 어디서부터 어디까지인데 당신의 혈당은 지금 얼마이니까 정상이긴 하지만 위험 수위에 가까워지고 있다는 식이다. 혈당이나 콜레스테롤이 정확하게 무엇인지, 또는 그 역할이 무엇인지는 잘 몰라도 내 몸의 상태가 어떤 위치인지는 한눈에 알 수 있다. 반면 한방 검진의 결과에는 수치적인 결과가 거의 없었다. 진맥을 한 결과는 어떤 숫자로 나오지 않았다. 사실 맥이 깊다, 세다, 빠르다, 가늘다, 약하다, 등의 진단은 한의사마다 주관적일 수밖에 없다.

나를 포함해서 물리학을 전공한 사람이라면, 맥이라는 것도 어쨌든 일종의 파동이니까 환자의 맥을 여러 개의 파동으로 추출해 시각화하면 정량적이고 객관적으로 분석할 수 있지 않을까 하는 생각을 금세 할 것이다. 사실 이런 생각을 한의학계에서도 했던 모양이다. 1970년대부터 진맥의 결과를 기계적으로 추출하는 맥진기를 연구했었고, 2008년 정부 지원으로 맥진기 원천 기술을 개발해 2020년 1월에는 맥진기 국제 표준(ISO 18615)이 제정(명칭에는 중의학Traditional Chinese Medicine이 들어가 있다)[24,25,26]되었다. 2019년에는 맥진기를 이용한 진맥으로 환자의 통증을 판단할 수 있다는 연구 결과가 학술지에 실리기도 했다.[27] 흥미롭게도 이 결과를 소개한 한국한의학연구원의 보도자료를 보면 '전통 의서 속 맥脈 특성, 과학적 규명'이라는 제목이 달렸고 부제는 '통증으로 유발된 긴장된 맥 특성을 과학적 맥진脈診 지표로 개발'로 돼 있다.[28] 같은 보도자료의 본문에서 "연구팀은 이러한 특성에 주목해 가압에 따른 맥파의 저항 구간을

---

24 엄태선, 「세계최초 국제표준 '맥진기' 산업화 "기대됩니다"」, 뉴스더보이스 포 헬스케어, 2020. 2. 5., http://www.newsthevoice.com/news/articleView. html?idxno=10087

25 조운, 「한의 의료기 '맥진기' 국제표준 제정··한의약 산업화 청신호?」, 메디파나뉴스, 2020. 2. 6., http://m.medipana.com/index_sub.asp?NewsNum= 252471

26 ISO 18615 : 2020, 「Traditional Chinese medicine – General requirements of electric radial pulse tonometric devices」, https://www.iso.org/ standard/71491.html

27 Kim, J., Bae, JH., Ku, B. et al., 「A comparative study of the radial pulse between primary dysmenorrhea patients and healthy subjects during the menstrual phase」, Sci Rep 9, 9716(2019), https://doi.org/10.1038/s41598- 019-46066-2

긴장도Pulse Tension Index, PTI 지표로 정의해 정량화했다."라는 표현도 눈에 띈다. 그러니까 한의학연구원에서도 한의학의 '과학적' 규명이 필요하고, 그러기 위해서는 맥진기 등을 통한 '정량화'가 진행돼야 함을 간접적으로 시사하고 있다. 이런 결과들이 학술적으로 얼마나 의미가 있는지 나는 판단할 수 없지만, 결국 한의학도 객관적인 진단 결과를 담보하려면 정량적이고 표준화된 방식을 만들 수밖에 없음은 분명해 보인다.

여기에는 다소 미묘한 점도 있다. 한의학이 '과학적으로 인정' 받으려면 기존 서구과학의 틀에 맞게 논문을 작성해야 하는데 그러기 위해서는 당연히 어떤 형태로든 정량 분석이 있을 수밖에 없다는 점이다. 그런데 한의학을 구성하는 요소들이 서양의학에서 인체를 이해하는 방식과 일대일로 대응되지는 않는다고 한다. 따라서 서양의학의 틀 속에서 한의학을 분석하고 평가하는 데에는 한계가 있다는 게 내가 만나 본 한의사들의 생각이었다. 서양과학의 관점에서는 한의학이 과학의 범주에 들지 않을 수도 있다는 것이다. 다만 정량 분석의 방법을 확대하는 방향으로 가야 한다는 점에는 의견을 같이했다. 물론 이런 식의 접근에 반대하는 한의사도 없지는 않을 것이다. 또한 한의사들

---

28 한국한의학연구원, 「전통의서 속 맥(脈)특성, 과학적 규명」, 2019. 9. 5.,
https://www.kiom.re.kr/brdartcl/boardarticleView.do?menu_
nix=9Rwbc7lW&brd_id=BDIDX_N85v0V9e412et159q7XPbi&cont_
idx=2337

이 정량 분석을 확대하려면 가장 기본적인 혈액분석기나 엑스레이를 자유롭게 사용해야 하는데, 이는 굉장히 민감한 문제로, 의사와 한의사 사이에 의견 대립이 첨예하다.[29]

지금도 나는 어디가 아프면 한의원에 침 맞으러 가거나 진맥도 받고 보약도 지어 먹는다. 경험적으로 나는 한의학의 효능과 가치, 한의사들의 실력을 믿는다. 최근에는 동네 병원 내과에서 큰 차도가 없었던 증세가 동네 한의원에서 크게 호전되기도 했었다. 일단 몸이 아프면 주사든 침이든 가리지 않는다. 다만 물리학을 연구하는 사람으로서 아무래도 숫자로 나온 결과에 더 친숙하고 신뢰가 가는 것은 어쩔 수가 없다.

정량화가 꼭 필요한 분야 중 하나가 음식 조리법이다. 특히 한식은 정량적으로 조리법을 구현하기 시작한 역사가 길지 않다. 음식을 만들 때 정량 조리법이 필요한 이유는 너무나 명확하다. 누가 언제 어디서 요리하더라도 똑같은 맛을 낼 수 있기 때문이다. 말하자면 맛을 '표준화' 또는 '객관화'할 수 있다. 요즘은 그램이나 밀리리터 등의 표준 단위를 써서 정량적으로 조리법을 정리하는 경우가 많지만 얼마 전까지만 해도 '고추장 한 숟갈 반과 소금 한 꼬집, 파 한 움큼을 넣고 중불로 한소끔 끓여

29   이영재, 「경남의사회 "한의사협회장, 국민 앞에 사죄하라"」, 의협신문, 2019. 5. 16., https://www.doctorsnews.co.kr/news/articleView.html?idxno=129185

낸다.'라는 표현을 어렵지 않게 접할 수 있었다. 그러다 한식을 세계에 널리 알리려는 노력이 경주되면서 정량 조리법에 대한 관심이 높아졌다. 정량 조리법으로 가장 성공한 업체는 단연 맥도날드라고 할 수 있다. 같은 메뉴라면 전 세계 어디에서도 같은 맛을 느낄 수 있다. 또한 표준화된 조리법 덕분에 대량으로 햄버거를 만들 수 있다. 물론 정량 조리법이 최상의 맛을 보장하는 것은 아니다. 정량 조리법의 최대 강점은 맛을 표준화하고 객관화했기 때문에 최소한의 맛을 보장한다는 점이다. 이런 맥락에서 프랜차이즈 업체를 운영하려면 정량 조리법은 필수적이다. 최고의 순댓국을 먹으려면 검색을 하고 평가를 비교하며 때로 먼 길을 달려가야 한다. 그게 귀찮으면 적어도 평균 이상의 맛이 보장되는 집 근처의 프랜차이즈 순댓국집에 가는 것도 괜찮은 선택이다.

정량 조리법의 중요성을 가장 대중적으로 널리 알린 것은 '한식 세계화' 같은 프로젝트라기보다 유명 요리연구가인 백종원이다. 「백종원의 골목식당」이라는 예능 프로그램에서 골목식당 사장님들에게 백종원이 늘 강조하는 사항이 정량 조리법이다. 무엇보다 음식 맛의 일관성을 유지하기 위해서이다. 특히 많은 손님을 응대하기 위해 대용량으로 조리할 때에는 정량 조리법이 아니고서는 음식 맛을 유지하기 어렵다. 여기서도 우리는 정량화를 통한 재현 가능의 중요성을 확인할 수 있다. 아마도 백종원은 과학을 했어도 성공했을 것이다.

정량화는 조리법에만 머물지 않는다. 한식에서 중요한 소스인 고추장의 경우 어떤 재료로 어떻게 만드느냐에 따라 그 매운 맛의 정도가 천차만별이다. 따라서 똑같은 고추장 10g이라도 그 결과는 전혀 다를 수가 있다. 이 문제를 해결하려면 고추장의 매운 정도를 정량화해야 한다. 실제로 2010년 농림수산식품부와 한국식품연구원에서 고추장의 매운 맛에 대한 표준 등급을 정해 5단계로 나누었다.[30] 이에 따르면 'GHU(Gochujang Hot taste Unit)'라는 단위가 있어서 GHU 30 미만은 순한 맛, 30~45 미만은 덜 매운맛, 45~75 미만은 보통 매운맛, 75~100 미만은 매운맛, 100 이상은 매우 매운맛으로 등급이 정해진다. 지금 시중에 유통되는 고추장 포장 용기에는 매운맛 등급이 표시돼 있다. 이 등급은 매운맛을 내는 성분인 캡사이신 함량과 사람들이 실제로 맵다고 느끼는 정도를 종합적으로 고려해 정했다고 한다. 이렇게 고추장의 매운 정도가 구분되면 보다 섬세하게 맛을 낼 수 있을 것이다. 예컨대 매운맛 고추장 5g과 덜 매운맛 고추장 10g이 내는 맛의 차이를 만들 수 있다.

이제는 우리나라에서도 공교육에서 문과와 이과의 구분을 없앤다고 하는데, 아직 그 구분이 완전히 사라지지는 않은 듯하다. 경험적으로 봤을 때 문과적 정서와 이과적 정서의 가장 큰

---

30   정성호, 「고추장 '얼마나 맵나'..등급표준 도입」, 연합뉴스, 2010. 3. 15.,
          https://www.yna.co.kr/view/AKR20100312196400002?site=mapping_
          related

구분점이 바로 정성적 사고와 정량적 사고의 차이인 것 같다. 최근(2021년 1월 기준) 코스피가 급등세를 보이자 한국은행장까지 나서서 "과도하게 빚을 내서 투자하면 위험하다."라는 경고 메시지를 냈다는 뉴스가 들린다. 정량 분석을 좋아하는 사람들은 이런 표현이 불편하다. 빚이 얼마나 많아야 과도한지 알 수 없기 때문이다. 이과적인 정서는 이를테면 "연소득의 50%를 넘는 빚은 위험하다."는 식의 표현을 좋아한다. 사실 '과도하게'라는 말 속에는 이미 부정적인 또는 위험하다는 의미가 담겨 있다. 따라서 앞선 표현은 "위험하게 빚을 내서 투자하면 위험하다."는 동어 반복적 진술에 가깝다. 반면 '연소득 50%를 넘는 빚'이라는 표현에는 그런 가치 판단이 내재돼 있지 않다. 게다가 '연소득 50%'는 누구에게나 똑같이 적용할 수 있는 객관적인 지표이다. 반면 '과도한 빚'은 사람에 따라 다를 수 있다. 투자 성향이 공격적인 사람에게는 소득의 70%까지는 과도하지 않다고 볼 수도 있고, 투자 성향이 아주 보수적인 사람에게는 소득의 30%도 과도할 수 있기 때문이다.

물론 모든 면에서 정량적이고 이과적인 정서를 가져야 하는 것은 아니다. 그렇게만 살면 인생이 얼마나 삭막하겠나. 다만 과학이 보편적이고 객관적인 정보로서 성공할 수 있었던 데에는 정량적인 사고가 큰 역할을 했음은 부인할 수 없다. 고추장의 맛을 표준화하고 사람들에게 과도한 투자의 위험을 경고하는 데에도 정량적인 사고가 꼭 필요하다.

3. 환원주의와 창발

　과학의 보편성을 담보하는 또 다른 중요한 요소는 환원주의 reductionism이다. 환원주의란 간단히 말해 어떤 현상을 보다 근본적인 요소로 이해하고 설명하려는 시도이다. 내가 연구하는 입자물리학이라는 분야는 환원주의의 꽃이라 할 만하다. 환원주의의 역사는 아주 길다. 보통 과학의 역사를 기술할 때 철학의 아버지라 불리는 고대 그리스의 탈레스까지 거슬러 올라간다. 그때는 과학과 철학이 구분되지 않을 때였다. 에게해의 동쪽, 지금의 터키에 속하는 밀레토스 지방에서 기원전 7세기에 활동했던 탈레스는 "만물의 근원은 물이다."라는 명제의 주인공으로 잘 알려져 있다. 이 명제는 전형적인 환원주의이다. '철학의 아버지', '만물의 근원은 물', 이런 제목들은 학교에서 시험 문제로 출제하기에 딱 좋다. 시험을 잘 보는 (공부를 잘한다기보다) 학생들은 이 점을 놓치지 않는다. 특히 눈길이 가는 곳은 '물'이다. 물은 만물의 근원이라는 질문에 대한 답의 형태로 제시돼 있다. 우리는 정답을 찾는 데에 익숙한 교육을 받아 왔다. 특히 시험을 잘 보는 학생은 본능적으로 '물'을 기억한다.

그러나 탈레스가 정말로 평가받아야 할 대목은 물이라는 답이 아니라 만물의 근원(아르케, arche)이라는 '질문'이다.[31] 한국에서는 초중고대학교를 불문하고 학생들이 질문을 잘 하지 않는다. 심지어 질문하는 것이 직업인 기자들도 질문을 잘 하지 않는다. 이런 현실을 개탄하면서 질문이 중요하고 좋은 질문을 던지는 법을 배워야 한다고 말하는 사람들도 탈레스가 던진 질문의 무게, 가치를 잘 알지 못하는 경우가 많다. 확실히 '만물의 근원은 무엇인가'라는 질문은 '탈레스는 언제 태어났는가'라는 질문과 성격이 좀 다르다. 후자가 단순한 궁금증을 해결하기 위한 질문이라면 전자는 어떤 사태의 본질을 파헤치는 질문이다. 이런 질문은 새로운 패러다임을 제시한다는 점에서 단순 궁금증에서 유발된 질문과는 격이 다르다. 실제로 탈레스 이후 밀레토스 학파라 불리는 철학자들은 자신만의 '만물의 근원'을 제시했다. 탈레스는 물 하나만 제시했지만 엠페도클레스는 여기에 불, 흙, 공기를 더해 그 유명한 4원소설을 제시했다. 이런 의미

---

31   고인석, 『과학의 지형도』, 이화여자대학교출판문화원(2007).

에서 탈레스가 철학의 아버지라는 반열에 오른 이유는 물이라는 답이 아니라 '아르케arche'라는 질문 때문이었다고 보는 것이 타당하다.

물이든, 후대의 흙이나 공기든 간에 이게 어떻게 만물의 근원이냐고 되물을 수도 있다. 질문이 아닌 답에만 집중하면 이 모든 것이 유치해 보인다. 그러나 질문에 집중하면 탈레스의 패러다임이 보이고, 결국 후대의 과학자들, 심지어 20세기 이후의 현대 과학자들도 탈레스의 환원주의를 따르고 있음을 알게 된다. 답은 시대에 따라 달라져 왔지만 우리가 답을 구하고자 했던 질문은 변하지 않은 셈이다. 탈레스의 물은 엠페도클레스의 4원소, 데모크리토스와 레우키포스의 원자론을 거쳐 2천 년 뒤 돌턴의 원자론으로, 멘델레예프의 주기율표로 이어진다. 주기율표의 중요성을 모르는 사람은 없을 것이다. 탈레스의 물과 엠페도클레스의 4원소는 그 시절의 주기율표였다. 20세기의 과학자들은 원자 이하의 세계까지 들여다보기 시작했고 결국 우리 우주의 삼라만상이 쿼크와 전자로 이루어져 있음을 알게 되었다. 적어도 나같이 입자물리학 또는 고에너지물리학을 연구하는 사람들은 아직도 탈레스의 질문에 대한 답을 찾고 있다.

만물의 근원을 추구했던 탈레스의 자세가 바로 환원주의이다. 그러니까 환원주의는 철학의 시작과 함께 시작되었다고도 할 수 있다. 환원주의를 표면적으로만 이해한다면 보다 하위 구조에 있는 단위, 보다 작은 요소들과 그 결합 관계를 파악하는 정도에 불과하다고 치부해 버릴 수도 있다. 그러나 내 생각에 환원주의가 정말 중요한 이유는 그 추구하는 바가 단순한 하부 구성 요소라기보다 '근원', 즉 가장 본질적인 만능 조립 조각building block들에 있기 때문이다. 비유적으로 말해서 무엇이든 만들수 있는 가장 기본적인 레고블록을 찾는 것과도 같다. 이는 곧삼라만상 어디에나 들어 있는 본질적인 요소이므로 결국에는보편성과 연결된다. 즉, '만물의 근원'이라는 말 속에는 보편성이 숨어 있다.

우리에게 아주 익숙한 예를 들자면 한글이 있다. 한글은 세상의 모든 소리를 만들 수 있는 14개의 자음과 10개의 모음이라는최소 단위로 구성돼 있다. 이 최소 단위들은 정말로 소리를 글자로 표기할 수 있는 보편적인 만능 조립 조각이다. '강'과 '말'은 서로 다른 소리이지만 이 소리를 구성하는 모음 요소는 모두'ㅏ'로 똑같다. 마찬가지로 '강'의 첫소리와 '개'의 첫소리는 모두 'ㄱ'으로 똑같다. 한글이 위대한 문자인 이유는 바로 이 환원주의적인 발상과 보편성에 있다.

탈레스가 왜 물을 만물의 근원으로 지목했는지 본인의 해설은 전해지지 않는다. 후대의 아리스토텔레스에 따르면 '모든 영양분이나 종자에 습기가 있고 그로 인해 생명체가 살아 있기 때문'이다.[32] 탈레스의 질문에 대한 20세기적인 답변을 아주 간단하게 말한다면 만물의 근원은 원자이다. 정말로 이 세상 만물은원자로 만들어져 있다. 리처드 파인만은 가장 가성비가 높은(길이는 짧고 내용은 풍부한) 문장 하나로 후세에게 지식을 전달해야 한다면 그것은 원자론이라고 말한 적이 있다.[33]

보편성을 추구하는 환원주의, 또는 '보편적 환원주의'는 크게 두 가지 중요한 의의를 갖고 있다.

첫째, 자연을 보다 쉽고 체계적으로 이해할 수 있게 되었다. 이 세상 만물이 아무리 복잡하고 미묘해도 결국에는 모두 주기 율표에 있는 100여 개의 원소들로 만들어졌다. 이들은 다시 전 자와 원자핵으로, 원자핵은 양성자와 중성자로, 그리고 양성자 와 중성자는 다시 쿼크quark로 구성된다. 게다가 이들은 만물의 '근원'이기 때문에 한국의 수소와 미국의 수소가 다르지 않다. 심지어 우주 끝에 있는 수소도 똑같다. 그 옛날 탈레스의 놀라 운 기획 덕분에 우리는 자연에서 신비주의적인 요소를 걷어 낼 수 있었다. 예컨대 이 세상 모든 소금(염화나트륨, NaCl)은 염소Cl 와 나트륨Na이 일대일로 결합된 결정 구조이다. 한때 천일염이 좋은가 공장염이 좋은가 하는 논란이 있었는데, 환원주의의 관 점에서는 이런 논란 자체가 의미가 없다. 천일염이든 공장염이 든 모두 염화나트륨일 뿐이기 때문이다. 무엇보다 천일염 속의 염소 및 나트륨이 공장염 속의 염소 및 나트륨과 각각 완전히

---

32   게오르그 빌헬름 프리드리히 헤겔, 『철학사 I 』, 임석진 옮김, 지식산업사 (1996).

33   Feynman R, Leighton R, and Sands M., 「The Feynman Lectures on Physics, Volume I」, The Feynman Lectures Website, 2013. 9., https://www.feynmanlectures.caltech.edu/I_01.html

똑같다. 흔히 우리는 '인공'에 대비되는 '천연'의 물질에 인간이 아직 알지 못하는 무언가 신비한 성분이 있는 것은 아닐까 하는 기대를 품고 있다. 적어도 소금에는 그런 게 없다. 다만 염화나트륨 말고도 마그네슘 같은 무기질이 아주 약간 더 섞여 있을 뿐이다. 그러니까 천일염이란 염화나트륨에 기타 무기질이 '천연의 비율로' 섞여 있는 혼합물이다.

둘째, 자연에 대한 (부분적인) 제어와 통제가 가능해졌다. 가장 밑바닥의 조립 조각을 우리가 제어할 수 있다면 그로부터 우리가 원하는 대로 결과물을 조작할 수 있다. 마치 레고블록을 조립해 원하는 모형을 만드는 것과도 같다.

20세기 과학의 성과는 눈부시다. 1897년 원자 속의 전자를 발견한 이후 약 50년 만인 1948년 트랜지스터가 세상에 나와 20세기 전자혁명의 시대를 열었다. 원자의 또 다른 구성 요소인 원자핵은 1911년에 발견되었는데 불과 34년 만에 그 에너지를 이용한 대량살상무기가 실전에 사용되었다. 핵에너지는 인간이 다룰 수 있게 된 완전히 새로운 종류의 에너지이다. 한편 1953년 유전 물질의 실체인 DNA의 이중나선구조가 분자 수준에서 규명된 이후 우리는 인간 유전체 염기 서열을 모두 알아냈고 급기야 유전자를 원하는 대로 편집할 수 있는 기술까지 손에 넣었다. 현대과학의 마술적인 힘의 근원은 환원주의라 해도 과언이 아니다.

환원주의의 마술 같은 성공은 때로 사람들에게 거부감을 불러 일으키기도 한다. 앞서도 소개했듯이 현대사회에서는 인공, 가공, 공장산이라고 하면 천연, 자연산에 비해 뭔가 거부감이 든다. 그런데, 공장에서 인공적으로 만들었다는 것이 과연 어떤 의미인지부터 이해할 필요가 있다. 한 가지 예를 들자면 이렇다. 고대 이집트 시절부터 사람들은 경험적으로 버드나무 껍질을 달인 물을 마시면 해열과 진통에 효과가 있음을 알고 있었다. 이 사실은 그 유명한 히포크라테스의 전집에도 실려 있다고 한다. 그러다가 오랜 세월이 흘러 19세기에 버드나무 껍질 즙 속에서 살리실산이라는 성분을 추출해 낼 수 있었고 마침내 1897년 독일의 바이엘사에서 아세틸 살리실산, 즉 아스피린을 제조하기에 이르렀다. 아스피린은 최초의 합성의약품이자 가장 성공적인 인공약이다. 지금은 두통을 해결하기 위해 굳이 버드나무 껍질을 벗겨 달이는 수고를 들이지 않아도 된다. 그 속에 해열진통을 다스리는 원인 요소만 따로 떼어 내서 섭취하기 쉬운 형태로 이미 공장에서 찍어 내고 있기 때문이다. 살리실산의 관점에서 보자면 버드나무 껍질이나 아스피린이나 다를 게 없다. 아스피린 제조는 보편적 환원주의가 어떻게 자연을 이해하고 제어할 수 있는지를 보여 주는 좋은 사례이다. 과학의 이런 과정을 이해한다면 인공이라고 무조건 거부하는 오류를 피할 수 있다. 대부분의 인공물은 자연에 대한 환원주의적 통찰로부터 근원 요소들을 파악하고 그로부터 우리가 원하는 요소만 따로 재조립한 결과물이다. 따라서 인공물이란 일반적인 통념과는 달리 천연에서 야기될 수 있는 위험은 줄이고 효능은 극대화한 작품이라 할 수 있다. 덮어놓고 천연이 좋다는 생각은 망상이다.

　인공물에 대한 이런 관점이 왜 중요한지는 백신을 둘러싼 논란에서도 찾아볼 수 있다. 한때 유행했던 '수두파티'를 예로 들어 보자. 수두는 10세 이하 유아들이 잘 걸리는 질병으로 미열과 두통, 근육통, 발진 등의 증세가 나타난다. 수두의 원인은 수두-대상포진 바이러스이다. 생후 12~15개월에 예방접종을 하면 수두를 예방할 수 있다.[34] 그런데 일부 부모들이 백신을 불신하며 자연치유를 선호한 나머지 예방접종을 하지 않고 수두에 걸린 아이들끼리 서로 어울려 놀게 해서(수두파티) 자연스럽게 수두에 걸리도록 했다. 한 번 걸리면 그걸로 면역이 생겨 다시 걸리지 않으니 백신을 맞지 않고도 자연적으로 질병을 관리할 수 있다는 논리이다.

　실제로 수두파티가 작동하는 원리와 백신의 원리는 본질적으로 다르지 않다. 수두파티가 작동하는 이유는 원인 바이러스가 몸에 들어와 병을 앓으면서 면역이 생기기 때문이다. 세균이나 바이러스 같은 미생물이 질병의 원인임을 규명한 것도 환원주

의의 성취 중 하나이다. 그렇다면 몸에 해로운 병원체의 독성은 약화시키고 면역반응만 일으키게 할 수 있다면 그보다 좋은 방법은 없을 것이다. 그런 '인공적인 조작'을 통해 탄생한 물건이 바로 백신이다. 수두파티처럼 '자연스럽게' 어울리게 하면 다른 병원체에 감염될 가능성도 있다. 백신은 기본적으로 병원체를 죽이거나 약화시켜 만든다. 최근에는 병원체의 독성이 전혀 없이 mRNA를 이용해 면역반응을 일으킬 수 있는 단백질을 만드는 유전 정보만 주입해 백신을 만들기도 한다. 코로나19 백신으로 유명해진 미국 화이자나 모더나의 백신이 그렇다. 한마디로 백신은 수두파티의 위험 요소는 제거해 안전성은 높이면서 면역효과를 만들어 낼 수 있는 의약품이다.

예방접종을 처음 시작한 사람은 영국의 의사 제너로, 1796년 사상 처음으로 종두법을 시행해 천연두 박멸의 길을 열었다. 종두법은 우두에 걸린 소의 발진에서 나온 물질을 접종하는 것이었다. 제너는 우연히 젖소의 젖을 짜는 아낙들이 천연두에 잘 걸리지 않는다는 사실로부터 아이디어를 얻었다. 종두법을 뜻하는 vaccination의 어원인 vacca는 암소를 뜻한다. 그로부터 수십 년 뒤 프랑스의 루이 파스퇴르는 1880년 닭 콜레라를 연구하던 중 며칠 동안 말린 병원체를 주입한 닭이 죽지 않으면서 닭 콜레라에 면역이 생긴 결과를 확인했다. 이것이 현대적인 백신의 시초이다. 이후 파스퇴르는 탄저병과 광견병 백신을 차례로 개발했다. 백신의 개발로 당시 유럽인의 평균 수명이 획기적으로 늘었고 파스퇴르는 국민적인 영웅으로 추앙받았다. 제너와 파스퇴르를 조상으로 둔 영국과 프랑스에서 백여 년 뒤 코로나19 바이러스로 이렇게 큰 피해를 입는 모습을 보면 참 역사의 아이러니가 느껴진다. 특히 프랑스는 유럽 평균보다 백신에 대한 거부감이 높은 것으로도 유명하다. 여기에는 프랑스 국민들의 자유주의적인 성향도 많이 작용을 했겠지만 아마도 파스퇴르가 이 모습을 본다면 지하에서 통곡하지 않을까 싶다.

인공조작에 대한 거부감이 큰 또 다른 사례는 유전자변형생물Generically Modified Organism, GMO이다. 병충해에 강하다거나 수확량을 늘리는 유전자가 탑재된 작물은 분명 인간에게 도움이 되지만 인위적인 조작의 결과라고 하면 꺼려지는 게 현실이다. 그런데 이 '인위적인 조작'에도 여러 종류가 있다. 육종이라는 이름으로 교배를 통해 인간에게 이로운 유전자를 탑재한 작물에 대해서는 거부감을 거의 갖지 않는다. 그런 조작은 자연의 일부로 받아들인다. 만약 유전자 가위질로 원하는 유전자를 삽입했다고 하면 육종보다 훨씬 큰 거부감을 불러일으킬 것이다. 그러나 분자 수준에서 보자면 교배의 결과든 가위질의 결과든 DNA 이중나선 사슬의 특정 염기서열 집합체가 바뀌었다는 점에서는 차이가 없다. 육종으로 개량된 작물이나 가축을 인류가 섭취해 온 역사는 선사시대까지 거슬러 올라갈 만큼 대단히 오래되었기 때문에 그 안전성에 대한 일차적인 검증은 어느 정도 이루어진 셈이다. 또한 가위질로 유전자를 조작한 동식물에 대해서도 수십 년 모니터링해 온 결과 인체에 뚜렷하게 유해하다는 증거를 아직까지는 발견하지 못했다. 그런 까닭에 다수의 과학자들은 대체로 GMO의 안전성에 의견을 같이하는 편이다.[35] 물론 그렇다고 해서 안전성 검증에 소홀해서는 안 된다. 인체와 환경에 미치는 영향은 오랜 시간을 두고 보수적인 기준으로 꾸준히 추적해야 한다. 다만 환원주의의 관점에서 봤을 때 불필요한 공포를 걷어 낼 수 있고 정말 걱정해야 할 대목이 어디인지를 좁혀서 탐구할 수 있다.

물론 환원주의가 과학의 전부인 것은 아니다. 자연에는 더 근본적인 요소로 환원되지 않는 현상도 많다. 대표적인 것이 생명 현상이나 지능이다. 둘 다 원자 또는 쿼크 수준에서는 설명할 수 없다. 아직은 생명과 지능에 대해 모르는 것이 많지만 적어도 수많은 원자와 분자들이 모여서 창발적으로 생기는 현상임에는 분명해 보인다. 수많은 입자들이 모인 계를 다루는 분야에서는 환원주의적인 분석보다 창발적 현상이 더 중요할 것이다. 20세기 응집물질물리학 분야의 대표적인 인물인 미국의 필립 앤더슨은 '많으면 다르다More is different'라는 글에서 창발의

---

35 Joel Achenbach, 「107 Nobel laureates sign letter blasting Greenpeace over GMOs」, The Washington Post, 2016. 6. 30., https://www.washingtonpost.com/news/speaking-of-science/wp/2016/06/29/more-than-100-nobel-laureates-take-on-greenpeace-over-gmo-stance/

중요성을 역설하기도 했다. 그러나 '많으면 다르다'는 말을 하려면 먼저 무언가 '많은' 어떤 개체가 있어야 한다. 많은 입자를 다루는 대표적인 분야인 통계역학에서는 분자들의 운동으로 열역학 현상을 모두 설명한다. 이는 19세기 중엽 이후 물리학이 이룬 중요한 성과이다. 이때만 해도 분자나 원자가 실제 존재하는 개체라고 받아들이는 과학자는 드물었다. 분자 개념을 도입하기 전에는 거시적인 물리량인 온도나 압력 등으로만 열 현상을 설명했다. 그 시절에는 '많은 뭔가'라는 개념조차 존재하지 않았다. 이런 관점에서 보자면 개수가 많아질 때의 창발 또한 그 출발점은 환원주의라고 할 수 있다.

4. 가장 보수적이고 가장 혁명적인 과학자들

과학이라는 말을 못 들어본 사람은 드물지만 과학의 본질이 무엇인지, 무엇이 과학을 과학답게 하는지를 아는 사람은 거의 없다. 사실 과학자들도 잘 모른다. 과학의 작동 방식에 대한 가장 흔한 통념은 귀납주의이다. 귀납주의란 새로운 지식을 창출하는 원천이 관찰 경험이라는 주장으로 17세기 영국의 프랜시스 베이컨이 체계적으로 제시한 지식 탐구 모형이다. 베이컨은 아리스토텔레스 식의 삼단논법으로는 새로운 지식을 만들어 낼 수 없으며 귀납법이 그 역할을 수행한다고 주장했다. 사실 베이컨이 비판한 아리스토텔레스야말로 관찰 경험의 대가였고 그 시초라 할 수 있다. 귀납주의에 따르면 자연현상을 객관적으로 관찰해 데이터를 모으고 그로부터 편견 없는 분석으로 일반법칙을 도출한다. 귀납주의의 가장 전형적인 사례는 케플러의 법칙이다. 케플러는 그의 스승이었던 브라헤가 남긴 방대한 천문 관측 자료로부터 행성 운동의 세 가지 법칙을 도출했다. 흥미롭게도 이 과정에서 케플러는 자신의 신념보다 스승의 데이터를 더 믿었다. 케플러는 당연히 행성의 공전궤도가 원이라고 생각했다. 플라톤과 아리스토텔레스 이래로 원운동은 가장 자연스러운 운동이니 당연했다. 그러나 브라헤가 남긴 데이터는 원 궤도와 만족스러울 만큼 잘 맞지 않았다. 케플러가 씨름했던 화성의 궤도는 정확한 원과는 약 8분 각도(1분 각도는 1도 각도의 1/60)만큼 차이가 났다. 브라헤가 남긴 데이터의 평균 오차는 약 4분 각도 수준이었다. 신념과 데이터가 일치하지 않으면 대개의 경우는 데이터를 믿지 않을 것이다. 마침 케플러와 브라헤는 그리 좋은 사이가 아니었다. 케플러로서는 만난 지 1년 만에 브라헤가 세상을 떠난 것이 행운이었을 것이다. 당대 최고 수준의 천문 데이터를 손에 넣을 수 있었기 때문이다. 아마 현대의 과학자들도 케플러와 비슷한 상황에 놓였다면 십중팔구는 자신의 신념을 의심하기보다 데이터를 남긴 사람이 뭔가 잘못했다고 여길 것이다. 처음에는 케플러도 그리 생각했을지 모르겠다. 그러나 결국 자신의 신념을 포기하고 타원 궤도라는 결론을 내렸다. 자신의 신념과 어긋나는 결과에 케플러는 크게 실망했다고 한다. 이런 연유로 케플러의 행성법칙은 귀납주의가 성공한 대표적인 사례로 꼽힌다.

그러나 과학은 귀납주의로만 굴러가지 않는다. 케플러가 자신의 신념을 포기하면서까지 밝혀냈던 행성의 타원 궤도만 해도 그렇다. 케플러의 법칙들은 뉴턴이 만유인력의 법칙을 얻는데에 큰 영향을 주었다. 거꾸로 만유인력의 법칙, 특히 중력이 두 물체 사이 거리의 제곱에 반비례한다는 역제곱의 법칙 때문에 뉴턴역학의 체계 속에서 행성의 공전궤도는 수학적으로 공간 속에 고정된 타원 궤도를 유지해야 한다. 그런데 수성의 공전궤도를 자세히 살펴보니 문제가 있음을 알게 되었다. 정확히 말해 실제 수성의 궤도는 고정된 닫힌 궤도가 아니었다. 행성이 고정된 닫힌 궤도를 돈다면 태양을 한 바퀴 돈 뒤에 정확하게 원래 위치로 돌아와야 한다. 수성은 그렇지 않았다. 태양 주위를 한 주기 돌고 나면 원래 위치에서 조금 어긋난 곳으로 돌아왔다. 그 결과 공전을 계속할수록 그 궤도 전체가 천천히 회전하게 된다. 이 현상을 기술하는 한 가지 방법은 수성이 태양에 가장 가까워지는 지점, 즉 근일점近日點, perihelion이 매 공전마다 얼마나 옮겨 가는지를 추적하는 것이다. 이 현상을 그래서 '수성의 근일점 이동'이라 부른다. 수성의 근일점 이동에는 목성같은 다른 행성의 영향도 작용한다. 그런 요소를 모두 제외하고도 설명할 수 없는 정도가 100년에 43초 각도였다. 이 결과는 뉴턴역학의 체계 속에서 설명할 수 없는 수치였고, 20세기 초반까지 천문학의 해묵은 수수께끼였다.

뉴턴역학의 예측과 다른 관측 결과를 보고 과학자들은 어떤 태도를 취했을까? 오랜 세월 뉴턴역학으로 설명할 수가 없다면 만유인력의 법칙을 폐기해야 하지 않을까? 당연히 그런 일은 일어나지 않았다. 왜냐하면 우선 뉴턴역학이 지난 200여 년 동안 너무나 성공적이었기 때문에 수성의 궤도 하나만으로 전체 체계를 포기할 수는 없었다. 뉴턴역학 자체가 잘못됐다기보다 그 체계 속에서 뭔가 놓치고 있는 점을 찾는 것이 훨씬 합리적인 선택이었다.

정말로 그런 성공의 역사가 있었다. 해왕성의 발견이 그랬다. 독일의 천문학자 윌리엄 허셜이 1781년 천왕성을 발견한 뒤 과학자들은 그 공전궤도를 추적하고 있었다. 천왕성의 공전주기는 84년이어서 실제 관측으로 천왕성의 공전궤도를 추적하려면 수십 년의 세월이 걸린다. 이 과정에서 천문학자들은 천왕성의 궤도가 뉴턴역학의 예측과 조금씩 어긋난다는 사실을 알게 되었다. 이때에도 당연히 충실한 케플러주의자는 없었다. 대신 뉴턴역학 체계 속에서 해결책을 모색했다. 즉, 천왕성 바깥에 새로운 행성이 있어서 천왕성의 궤도를 교란한다고 가정한 것이다. 새 행성은 계산으로 예측한 위치에서 쉽게 찾을 수 있었다. 해왕성의 발견은 뉴턴역학의 위기가 곧 새롭고도 놀라운 예측이라는 도약의 기회로 작동한 대표적인 사례이다.

19세기 중엽의 이런 혁혁한 공이 있었기 때문에 수성의 근일점 이동 또한 천왕성-해왕성처럼 해결될 수 있으리라 기대했던 것은 너무나 당연했다. 실제로 과학자들은 태양과 수성 사이에

벌컨이라는 새로운 행성이 있을 것으로 여겼고 이를 찾기 위해 노력했다. 다만 태양에 너무 가까워서 관측이 쉽지 않다고 생각했다.

　수성의 근일점 이동 문제를 해결한 것은 1915년 아인슈타인이었다. 그의 새로운 중력이론인 일반상대성이론에서는 중력의 본질이 시공간의 곡률이다. 태양에 의한 태양 주변의 시공간의 곡률이 수성의 궤도에 영향을 준다. 그 정도는 정확하게 43초/100년이었다. 이는 관측 경험이 새로운 지식을 만든다는 베이컨의 가르침이 적용되지 않는 사례이다. 일반상대성이론은 굳이 말하자면 베이컨의 대척점에 있었다고 할 수 있는 프랑스 데카르트의 합리주의 결과물에 가깝다. 게다가 놀랍게도 수성의 근일점 이동은 일반상대성이론의 요체인 중력장 방정식이 100% 완성되기 일주일 전에, 아직은 불완전한 형태로도 성공적으로 해명되었다.

　귀납주의의 변형된 형태로 반증주의가 있다. 반증주의는 20세기의 가장 위대한 과학철학자로 평가받는 칼 포퍼가 제시한 개념이다. 일반적인 귀납주의와 반증주의를 비교하는 대표적인 사례가 백조이다. 눈썰미 좋은 어느 귀납주의자가 수많은 백조를 관찰한 뒤에 "모든 백조는 희다."라는 일반법칙을 도출했다고 발표했다. 의심 많은 사람이라면 이렇게 되물을 것이다. "얼마나 많은 백조를 관찰하였소?" 이 질문은 귀납주의의 맹점을 짚고 있다. 관찰한 백조의 숫자가 백만 마리든 십억 마리든 어떻게 유한한 관찰로부터 언제 어디서나 적용되는 보편적인 '법칙'을 유도할 수 있단 말인가? 따라서 "모든 백조는 희다."라는 명제를 귀납적으로 증명하기란 원리적으로 불가능하다. 그러나 만약 단 한 마리의 검은 백조(블랙 스완)를 관측했다면 이 명제는 거짓으로 증명된다. 따라서 과학 이론은 증명된다기보다 반증될 뿐이다. 포퍼에 따르면 좋은 과학 이론이란 반증 가능성이 높은 이론으로서 오랜 검증의 과정을 버텨 온 이론이다. 포퍼에게 반증 가능성은 과학과 비과학을 가르는 기준이기도 하다. 비과학적 명제는 반증 가능성이 없다.

그러나 반증주의 또한 근본적으로는 귀납의 한계에서 자유롭지 못하다. 수성의 근일점 이동에서도 봤듯이 이 현상은 뉴턴역학으로 설명할 수 없는 현상임에도 불구하고 뉴턴역학을 반증하는 사례로 작동하지 못했다. 지난 2011년 유럽에서 중성미자를 연구하던 OPERA라는 연구진이 빛보다 빠른 중성미자의 속력을 측정해 전 세계 과학계를 큰 충격에 빠뜨린 적이 있었다. 상대성이론에 따르면 우리 우주의 그 어떤 물리적 신호도 광속을 넘어설 수 없기 때문이다. OPERA에서 측정한 중성미자의 속력은 광속보다 약 0.0025% 더 빨랐다.[36] 이 실험 결과의 오차

---

36   The OPERA collaboration., Adam, T., Agafonova, N. et al., 「Measurement of the neutrino velocity with the OPERA detector in the CNGS beam」, J. High Energ. Phys. 2012, 93(2012), https://doi.org/10.1007/JHEP10(2012)093

는 극히 작아서 단지 통계적인 착시로 보기에는 너무나 드문 확률(약 10억 분의 1)의 사건이었다. 이 결과를 놓고 학계에서는 격론이 벌어졌다. 초광속superluminal 현상은 그 자체가 특수상대성이론에 대한 일종의 '블랙 스완'이다. 그러나 OPERA의 실험 결과 또한 상대성이론에 대한 반증으로 작용하지 못했다. 상대성이론이 완전히 틀렸다거나 전혀 새로운 이론 체계가 필요하다고 주장하는 과학자도 없진 않았으나 학계 다수는 실험에 뭔가 잘못이 있었을 거라는 의견이었다. 명백한 데이터에도 불구하고 과학자들이 선뜻 반증의 증거로 받아들이는 경우는 드물다. OPERA의 결과는 이듬해에 광케이블 접속 불량이 원인이었던 것으로 밝혀졌다.[37]

그럼에도 여전히 포퍼의 반증 가능성은 여전히 여기저기서 과학과 비과학을 가르는 중대한 기준으로 통용되기도 한다. 대표적인 사례가 끈이론string theory이다. 끈이론은 만물의 근원이 일차원적인 끈이라는 이론으로, 통상적인 입자물리학에서 만물의 근원을 쿼크나 전자 같은 점입자point particle로 간주하는 것과 다르다. 끈이론을 반대하는 과학자들은 그 근거로 반증 가능성을 주로 인용한다. 즉, 끈이론에서는 실험적으로 이 이론을 검증할 여지가 없기 때문에 과학이 아니라는 주장이다. 과연 이런

37　「OPERA experiment reports anomaly in flight time of neutrinos from CERN to Gran Sasso」(Press release), CERN, 2011. 9. 23.

주장이 사실인가의 여부를 떠나 반증 가능성을 과학과 비과학을 가르는 절대적인 기준으로 갖다 대는 것이 옳은가에 대해서 나는 회의적인 편이다. 반증주의 자체가 실제 과학의 역사에서 잘 작동한 경우가 별로 없기 때문이다. 물론 한 가지 참고 기준이 될 수는 있을 것이다.

행성궤도의 변칙이라든지 초광속 현상 등 뭔가 새로운 결과를 얻었을 때 거의 모든 과학자들은 일단 기존의 체계 안에서 새로운 현상들을 설명하려고 노력한다. 그런 면에서 과학자들은 보수적이라고 할 수 있다. 새로운 현상을 앞에 두고 적극적인 귀납주의자가 되기보다 엄격한 보수주의자가 되는 이유는, 기존의 체계 안에서 가능한 모든 수단을 다 동원해도 그 현상이 설명되지 않음을 보여야 새로운 체계를 모색할 수 있기 때문이다. 이 검증의 단계를 일단 넘어서면 과학자들은 열렬한 혁명주의자가 되어 좌고우면하지 않고 새 체계를 받아들인다. 과학은 전복의 학문이라는 말이 있는데, 완전한 전복이 가능하려면 그 전에 최고 수준으로 엄격한 보수주의자가 되어 기존 체계가 살아남을 일말의 가능성까지 따져 본 명세서가 나와야만 한다. 따라서 과학자들은 엄격한 보수주의자이면서 동시에 열렬한 혁명주의자이다. 과학자들에게 이 둘은 서로 대립되지 않는다. 후자가 되기 위해서조차 전자가 꼭 필요하다. 과학자들이 가장 혁명적인 이유는 가장 보수적이기 때문이며, 가장 보수적인 이유는 가장 혁명을 갈망하기 때문이다.

5. 과학과 괴담 사이

　과학에서 중요한 것은 결과로서의 지식(정보)이라기보다 그 결과에 이르는 과정이다. 그 과정이 귀납적인지 연역적인지 또는 반증 가능성을 따지는지 아니면 패러다임의 충돌인지 논란도 많고 정확한 실체는 아직 잘 모르지만, 우리가 '과학적인 과정(또는 사고)'이라 부르는 메커니즘의 큰 줄기는 직접적인 인과관계를 구축하는 것이다. 과학 활동이 쉽지 않은 이유는 이 직접적인 인과관계를 정확하게 규명해서 원인과 결과의 연결선을 서로 꼬이지 않게 씨줄날줄로 엮어야 하기 때문이다. 과학연구를 해서 결과를 내고 학술 논문을 쓴다는 것은 간단히 말해 A라는 원인이 B라는 결과에 어떻게 얼마나 많은 영향을 미쳤는가, 다른 가능한 원인 요소들은 무엇인가, A가 알려진 다른 결과 C

에는 어떤 영향을 미치는가, 등을 정량적으로 규명하는 작업이다. 이는 전문적인 훈련을 받은 과학자들에게도 그리 쉽지 않다.

과학자들은 직업적으로 이런 일들을 하기 때문에 어떤 결과를 설명할 때 단정적으로 말하기를 꺼린다. 특히 언론과 인터뷰를 하거나 글을 쓰거나 할 때 사람들이 보기에 답답할 정도로 유보적인 견해를 내거나 까다로운 조건을 다는 경우가 허다하다. 그만큼 어떤 결과에 이르는 직접적인 인과관계를 명확하게 규정하는 작업이 어렵기 때문이다. 아직 인류가 잘 모르는 경우들도 많다. 반면 일반인들, 특히 기자나 피디 등 언론인은 단순명쾌한 설명을 좋아한다. 여기서 과학자와 일반인 사이에 괴리가 생긴다.

괴리가 생기는 원인을 좀 더 자세히 들여다보면 상관관계를 인과관계로 치환하는 경우가 상당히 많다. 상관관계는 한마디로 사건 A와 사건 B가 순차적으로 일어난 관계이다. 인과관계는 상관관계의 아주 특별한 경우로, A가 B의 직접적인 원인인 관계이다. 상관관계를 인과관계로 '후려치는' 대표적인 사례로 '선풍기 괴담'이 있었다.

1990년대만 해도 '선풍기 켜 놓고 자다가 사망'이라는 제목의 기사를 심심찮게 볼 수 있었다. 내가 검색해 보니 2007년에도 비슷한 기사가 있었다. 선풍기를 켜 놓고 잤다는 사건과 자다가 죽었다는 사건은 순차적으로 일어난 상관관계이다. 그러나 위 제목을 보는 사람들은 십중팔구 '선풍기 때문에 사망'했다고 받아들인다. 나도 어릴 때부터 선풍기 켜 놓고 자지 말라는 말을 귀에 못이 박히게 들었다. 이를 설명하기 위한 기발한 논리들도 많았다. 저체온증과 호흡곤란이 자주 사망 원인으로 지목되었다. 밀폐된 방에서 선풍기를 켜 놓고 자면 사람 체온이 떨어져 사망한다는 것이 저체온증 이론이다. 한편 선풍기 바람이 얼굴을 향하면 얼굴 주변에 순간적으로 진공상태가 형성돼 어느 정도 지속되며 숨을 쉴 수가 없다는 주장이 호흡곤란 이론이다. 또 다른 이론에서는 선풍기가 실내 공기 중의 산소를 없애서 호흡이 어렵다고도 한다. 선풍기 날개가 산소 분자를 쪼갠다는 '신박한' 이론도 있었다.

이들 이론들이 정말로 성립하는지 알아보기 위해 엄밀하게 실험을 진행(체온 변화나 공기 중 산소 농도 등을 측정하면서)할 수도 있겠지만, 상식적인 수준에서 추론해 볼 수도 있다. 만약 선풍기 때문에 저체온증으로 사망한다면, 선풍기보다 냉방효과가 훨씬 뛰어난 에어컨은 더 많은 사람을 죽음으로 내몰았을 것이다. 그러나 누구도 에어컨을 켜 놓고 자면서 '일가족 몰살'을 걱정하지 않는다. 또한 선풍기 바람 때문에 얼굴 주위에 일시적으로 진공상태가 만들어진다면, 물살이 빠른 개천에서는 순간적으로 물이 없어져 물고기가 죽는 일도 벌어질 것이다. 공기 중에서 산소가 없어지려면 호흡이나 연소 현상이 일어나야 하는데, 어느 것도 선풍기의 작동 원리(전기로 모터를 돌린다)와 관계가 없다. 칼날보다도 무딘 선풍기 날개가 눈에도 보이지 않는 산소 분자를 쪼갠다는 주장은 그저 우스갯소리일 뿐이다. 과학을 잘 모르더라도 이런 설명을 받아들일 사람은 거의 없다.

지금은 선풍기와 사망 사이에 인과관계가 성립하지 않는다는 사실이 많이 알려져 있다. 대부분의 의사들도 이에 동의한다. 아마도 다른 이유로 급사한 경우 그 원인이 명확하지 않을 때 애꿎은 선풍기가 범인으로 몰렸을 것으로 추정된다. 평소 앓고 있던 기저질환이나 과음 등이 직접적인 사인일 가능성이 훨씬 더 크다.

그래도 '선풍기 켜 놓고 자다가 사망'이라고 제목을 뽑은 것은 양반에 속한다. '선풍기 켜 놓고 자다가 질식사'라고 쓰면 사망 원인이 질식사로 특정되기 때문에 선풍기와 사망의 인과관계가 더욱 강력해진다. 선풍기 괴담의 경우 범인을 선풍기로 몰아간 것은 딱히 악의가 있어서라기보다 손쉽게 자극적인 스토리를 만들 수 있었기 때문이 아닐까 싶다. 인간은 나열된 사건들을 하나의 통일된 서사, 즉 스토리로 받아들이는 경향이 있다. 개인적인 생각으로는 이것이 이야기를 통해 많은 정보를 흡수하고 기억할 수 있는 효율적인 방법이었기 때문에 우리의 뇌가 그렇게 진화하지 않았을까 싶다. 통일된 서사로서의 스토리에는 모든 요소가 긴밀히 연결돼 있어서 따로따로 독립적으로 겉도는 요소가 애초에 끼어들지 않는다. 즉, 단순히 팩트만 나열하더라도 그렇게 선택된 팩트들 사이에 최소한 모종의 강력한 상관관계, 또는 아무리 약하더라도 인과관계가 형성되면서 수용되기 쉽다. 선풍기가 사망과 전혀 상관이 없다면 애초에 이 스토리에 등장하지 않았을 것이다. 비교를 위해 상상해 보자. 만약 사망자의 마지막 식사 메뉴를 조사한 결과 된장찌개를 먹은 사실이 밝혀졌다면 '된장찌개 먹고 자다가 사망'이라는 제목을 뽑았을까? 아마 그러지 않았을 것이다. 왜냐하면 된장찌개는 우리가 늘 먹는 음식이고 따라서 암묵적으로 사망과는 전혀 관계가 없을 것이라는 판단을 이미 내렸기 때문에 이 서사에서 빠지게 된다. 따라서 '선풍기 켜 놓고 자다가 사망'이라는 제목 속에는 이미 사인에 대한 글쓴이의 판단이 내재돼 있다고 봐야 한다.

나열된 사건을 하나의 통일적 서사로 받아들이는 우리의 습성을 악용하면 팩트의 나열만으로도 자신이 원하는 강력한 인과관계의 스토리를 만들 수 있다. 팩트만 나열했으므로 허위날조에 해당하지는 않겠지만 (그래서 어떤 처벌 등을 받지는 않겠지만) 그것이 유발하는 인과관계의 효과는 치명적일 수 있다. 선풍기 괴담 수준의 제목이야 지난 20세기의 유물일 뿐이지 21세기 대명천지에 그런 일이 있을까 하고 생각할지도 모르겠다. 코로나19 팬데믹이 한창이던 2020년 가을, 한국에서는 느닷없이 독감 백신 안전성 논란이 크게 일었다. 언론에서는 연일 '독감 백신 접종 후 사망'이라는 식의 기사가 쏟아졌다. 방역당국이 의심 사례 108건을 조사한 결과 독감 백신과 사망 사이의 직접적인 인과관계가 규명된 경우는 한 건도 없었다.[38] 독감 백신 접종과 사망이 순차적으로 일어난 것은 모두 팩트이지만 독감 백신이 사망의 직접적인 원인인 경우는 한 건도 없었다는 말이다. 그러나 사람들은 이 제목을 보고 들었을 때 독감 백신을 사인으로 받아들이는 경향이 있다. 언론사에서도 최소한 그렇게 믿었기 때문에 (또는 그런 효과를 기대하고) 이런 제목을 내걸었을 것이다. '독감 백신 접종 후 사망'은 '선풍기 켜 놓고 자다가 사망'과 문장 구조나 논리 구조가 판박이로 닮았다. 안타깝게도 2020년 가을 독감 예방 접종 대상자 중에서 고령자 접종 비율이 10%p 가까이 감소했다.

그렇다면 코로나19 백신은 어떨까? 미국 화이자사의 백신을 비교적 빨리 접종하기 시작한 노르웨이에서는 백신 접종 뒤 고령자 중심으로 사망자가 나오기 시작했다. 비슷한 시기 미국 캘리포니아주에서는 모더나사의 백신 접종 뒤 집단 알레르기 반응으로 접종을 일시 중단하기도 했다. 화이자와 모더나의 코로나19 백신은 사상 처음으로 mRNA를 이용해 제조되었다. mRNA는 코로나19 바이러스의 돌기 단백질에 대한 정보만 갖고 있다. 따라서 인체에는 무해하면서도 면역반응을 일으킬 요소를 포함하고 있는 셈이다. 그러나 처음 시도한 방법인 데다 1년이라는 매우 짧은 기간 동안 제조를 완성한 사례라서 그 안

---

38 김진하, 「독감 백신 접종 후 사망신고 108명 유지…"모두 인과성 없다"」, 동아닷컴, 2020. 12. 5., https://www.donga.com/news/Society/article/all/20201205/104300856/2

전성이 충분히 검증되지는 않았다. 이처럼 특정 백신의 안전성에 의문을 가지는 것은 합리적인 의심의 수준에서 이해할 수도 있다.

특정 백신의 안전성에 보수적인 입장을 취하는 것과 백신의 일반적인 원리를 인정하지 않는 것은 다르다. 국내외의 반백신주의자들은 후자의 경우로서, 백신 일반을 거부한다. 백신은 앞서 봤듯이 19세기에 개발된 이래 20세기 내내 수많은 인류가 수많은 종류를 접종해 왔다. 백신의 안전성 여부는 전문가들이 엄밀한 검증으로 밝혀야 할 사안이지만 오랜 세월 수많은 사람들이 접종해 온 결과 몇몇 드문 부작용을 제외하고는 치명적인 문제가 발생하지 않았다는 사실이 그 안전성을 간접적으로 증명하고 있는 셈이다. 전문가들의 분석 결과도 이와 다르지 않기 때문에 세계보건기구나 각국 정부는 백신 일반의 접종을 장려하고 있다.

이는 마치 된장찌개가 안전한 것과 비슷하다. 우리가 된장찌개를 안심하고 먹는 이유는 온갖 종류의 된장찌개를 보건전문가가 일일이 과학적으로 분석해서 안전성을 입증했기 때문이 아니다. 오랜 세월에 걸친 경험적 임상 결과가 그 안전성을 대변하고 있다. 바로 이런 이유 때문에 화이자 백신처럼 최초로 시도하는 방식이 적용된 백신의 경우 가능하다면 충분히 많은 사람이 접종한 뒤 경과를 살펴보고 나서 도입하는 것이 보다 현명하다.

독감 백신을 믿을 수 없다는 주장은 신중하기보다 괴담에 가깝지만, mRNA 백신을 믿을 수 없다는 주장은 괴담이라기보다 신중함에 가깝다. 같은 백신이더라도 어떤 검증의 과정을 거쳤느냐에 따라 수용되는 정도가 다를 수밖에 없는데, 일반인들이 쉽게 구분하기에는 어려운 경우가 많다. 확실히 선풍기 괴담보다 백신 괴담이 괴담인지 신중함인지 구분해 내기 훨씬 더 어렵다. 문제는 현대사회에 이보다 더 복잡하고 까다로운 괴담과 신중함이 일상에 널려 있다는 점이다. 21세기 한국 사회의 큰 현안 중 하나인 핵발전만 해도 그렇다. 핵발전의 위험에 대한 경고가 괴담인지 타당한 신중함인지 사회적인 합의에 이르지 못했다. 이를 구분하는 한 가지 방법은 어느 쪽 주장이 더 인과관계에 충실한가, 상관관계를 인과관계로 돌려치려 한 것은 아닌가를 꼼꼼하게 따져 보는 것이다.

괴담과 신중론을 구분하는 또 다른 방법은 배경효과를 따져 보는 것이다. 간단한 예를 들어 보자. 홍길동이 동전을 던졌는데 앞면이 95번 나왔다. 이는 홍길동의 신통함 때문일까 아니면 우연일까? 상식이 있는 사람이라면 누구나 이 질문에 답하기 전에 이렇게 되물을 것이다. "홍길동이 전부 몇 번을 던졌는데?" 만약 홍길동이 동전을 던진 횟수가 100번이라면 그중에 95번 앞면이 나온 사건은 대단히 희박한 확률의 사건이다. 만약 동전을 던진 횟수가 200번이라면 그중에 95번 앞면이 나온 사건은 아주 흔한 일이다. 동전을 한 번 던졌을 때 앞면과 뒷면이 나올 확률이 각각 1/2이므로 총 던진 횟수의 절반에 해당하는 횟수로 앞면과 뒷면이 나올 것이다. 이를 기댓값 또는 평균이라고 한다. 기댓값은 일종의 배경효과이다. 홍길동에게 아무런 능력이 없더라도 그 정도 횟수가 보장되니 말이다. 따라서 95회는 100회 던졌을 때 앞면이 나올 기댓값인 50회와 비교하거나, 200회 던졌을 때 앞면이 나올 기댓값인 100회와 비교해야 한다. 전자는 드문 사건이고 후자는 흔한 사건이다. 따라서 전자는 "홍길동이 도술을 부린다."는 주장에 대해 신중함에 해당하고 후자는 괴담에 해당한다.

이 사례는 아주 간단해서 보통의 상식을 가진 사람이라면 누구나 쉽게 받아들인다. 그러나 똑같은 일이 현실에서 벌어지면 많은 사람들이 혼란에 빠진다. 코로나19 팬데믹이 시작된 지난 2020년 한국 경제 성장률은 -1.0%인 것으로 한국은행이 발표(2021. 1. 26.)하자 언론에서 부정적인 뉘앙스의 기사를 쏟아 냈다. 그러나 이 수치는 OECD 국가들 중에서 가장 높은 수준에 해당한다.[39] '마이너스 성장'이라는, 팩트를 말하고는 있으나 전 세계 경제 상황이라는 배경효과를 고려하지 않고 부정적인 느낌을 주는 단어의 효과를 부풀리는 보도는 진실을 호도한다.

---

39 김수진, [팩트체크] 「작년 한국 경제성장률 "OECD 최상위권" 사실?」, 연합뉴스, 2021. 1. 18., https://www.yna.co.kr/view/AKR20210118157900502

백신 접종 관련 보도는 더 큰 혼란을 불러일으켰다. 2020년 가을 독감 백신 맞고 사람이 죽어 나간다는 이른바 '독감 백신 쇼크'가 유포됐을 때 한 의대 교수는 독감 백신 접종자 중 하루 10명 정도는 백신과 상관없이 사망할 수밖에 없다고 주장했다. 왜냐하면 국내에서 하루 평균 1000명이 사망하는데, 인구의 1%가 독감 백신을 접종하므로, 백신 접종 24시간 이내에 10명 정도는 언제나 사망할 수 있다는 얘기이다.[40] 열흘 동안 백신을 접종하면 그동안 24시간 안에 백신과 무관하게 사망하는 사람의 숫자가 약 100명에 달하는 셈이다. 그렇다면 '독감 백신 접종 뒤 24시간 내에 사망한 사람이 100명'이라는 진술은 아주 흔히 일어나는 일을 기술한 것에 지나지 않는다. 이 배경효과를 모르는 사람들은 백신 접종과 사망 사이에 강력한 인과관계를 연상하며 굉장히 드문 일이 일어난 것으로 오해하기 십상이다. 방역당국에서도 비슷한 해명을 내놓았다. 질병관리청의 해명에 따르면 2019년 7월~2020년 4월 기준으로 사망 전 7일 안에 독감 예방 접종 기록이 있는 65세 이상 노인이 1531명이라고 밝혔다. 모두 백신과는 무관한 경우였다.[41]

좀 더 정확한 숫자를 알기 위해 통계청 자료를 찾아보니

---

40 이지현, 「"국내 평균 사망률 고려하면 독감 백신 사망자는 정상범주"」, 한국경제, 2020. 10. 23., https://www.hankyung.com/it/article/202010232833i

41 최하얀, 「질병청 "접종-사망 인과성 낮아…올 사망 규모 이례적 아냐"」, 한겨레신문, 2020. 10. 25., http://www.hani.co.kr/arti/society/health/967170.html#csidx8a85f8afd9969d7b5af5fefbd7ae6f5

2019년 사망자는 인구 10만 명당 574.8명으로 하루 평균 약 800명이었다. 그중 약 20%인 160명 정도는 고혈압성 질환, 심장 질환, 뇌혈관 질환 같은 순환기 계통의 질환이 원인이었다.[42] 이 숫자는 백신의 접종 여부와 전혀 상관이 없다. 그냥 배경효과로서의 숫자이다. 만약 백신이 인체에서 순환기 계통의 질환을 악화시켜 사망에 이르게 한다면 하루 평균 이 숫자가 크게 치솟아야 할 것이다. 아직 그런 일은 보고되지 않았다.

　한때 아스트라제네카의 백신이 혈전을 유발해 사망에 이르게 한다고 해서 세계적으로 논란이 일기도 했었다. 한국에서는 2021년 5월 27일 코로나 백신 접종 뒤 이상 반응으로 혈소판 감소성 혈전증 사례가 처음 보고되었다. 이는 해당 백신이 327만 건 접종된 이후의 첫 사례였다. 환자의 생명에는 전혀 지장이 없었다. 세계보건기구와 유럽의약품안전청, 그리고 한국을 포함한 각국 정부는 아스트라제네카 백신의 안전성을 확인했고 계속 접종할 것을 권고했다. 이 경우에도 배경효과로서의 혈전증 자연발생률이 중요하게 고려되었다. 2021년 3월 언론보도에 따르면 백신 접종 뒤의 혈전 관련 질환이 아스트라제네카와 화이자 백신 모두 백만 명당 2건 남짓으로 보고됐다. 반면 한국에서 통상적으로 발생하는 혈전 관련 질환자는 백만 명당 수백 명

42　e-나라지표, 「사망원인별 사망률 추이」, https://www.index.go.kr/potal/main/EachDtlPageDetail.do?idx_cd=1012

수준이고 미국은 천 명대이다.[43]

　코로나19 백신을 접종할 때에는 백신 자체에만 관심이 높기 때문에 백신 접종자 중에서 이상이 있어 보이는 사람 숫자만 세고 있다. 그러나 백신을 맞지 않은 사람들 중에서 기저질환으로 사망하는 사람이 당연히 훨씬 더 많다. 그런 사람들이 사망 전 마지막 식사 메뉴로 된장찌개를 먹었다고 해서 그 누구도 '된장찌개 먹은 뒤 사망'이라고 기사를 쓰지는 않는다. 만약 중국이나 일본에서 '된장찌개 먹은 뒤 사망'이라는 기사를 냈다면 온 국민이 들고 일어나서 항의하지 않을까? 이런 진술 자체가 정확한 팩트의 나열이라 하더라도, 우리의 언어 습관에서는 한식 폄하나 혐한 정서 확산이라는 불순한 의도를 의심하지 않을 수 없다. 국내 언론에서 '백신 맞고 사망' 같은 선정적인 제목의 기사를 지나치게 많이 쏟아낸 것이, 혹시 백신 접종률을 낮춰 방역 실패라는 정략적 이해를 관철시키려는 게 아니냐고 일각에서 의심하는 것도 비슷한 맥락이다. 아스트라제네카 백신 접종 대상이 65세 이상으로 확대되었을 때, 대상자의 접종 동의율이 65세 미만보다 10%p 이상 하락했다. 정말로 그런 정략적인 이유 때문에 백신 불안감을 유포한 것이라면, 그 목적은 충분히 달성된 셈이다.

43　김지훈, 최하얀, 서혜미, 「"왜 유독 아스트라제네카 백신만 문제삼을까"」, 한겨레신문, 2021. 3. 18., https://www.hani.co.kr/arti/society/health/987247.html

배경효과가 자주 등장하는 또 다른 사례는 방사능이다. 자연에 존재하는 원소들 중에는 상태가 불안정해 입자를 방출하는 독특한 성질을 가진 원소들이 있다. 이처럼 입자를 방출하는 능력 또는 성질을 방사능radioactivity이라 한다. 이때 방출되는 입자를 방사선radiation이라 하고 방사선을 내는 원래 물질을 방사성 물질radioactive material이라고 한다. 즉, 방사능을 가진 방사성 물질이 방사선을 방출한다. 인체에 해로운 것은 방사선이다. 방사선은 그 종류에 따라 흔히 알파선, 베타선, 감마선 등으로 부른다. 방사선의 정체를 모를 때 붙인 이름으로, 우리 식으로 하자면 갑, 을, 병 정도 된다. 알파선은 헬륨 원자핵으로 양성자 둘과 중성자 둘로 이루어져 있다. 베타선은 전자이고 감마선은 파장이 아주 짧은 전자기파이다(전자기파는 양자역학적으로 광자라는 입자적 성질을 갖고 있다. 우리가 흔히 보는 빛도 전자기파의 일종으로 이 또한 광자로서 파장이 감마선보다 다소 길 뿐이다).

일본이든 한국이든 원전에서 어떤 사고가 나든지 해서 방사선이 누출됐다는 뉴스가 나올 때마다 그 양이 얼마인가, 인체에 얼마나 유해한가를 두고 논란이 일기 일쑤이다. 방사능의 세기를 나타내는 단위에는 두 가지가 있다. 하나는 방사성 물질, 즉 소스의 세기를 나타내는 단위로 베크렐Bq이 있다. 1베크렐은 1초 동안 원자핵 하나가 붕괴하는 정도이다. 한편 방사선 자체가 인체에 얼마나 흡수되어 어떤 생물학적 효과를 미치는지가 더 중요할 때도 있다. 이 세기를 나타내는 단위가 시버트Sv

이다. 간단히 말해 베크렐은 소스가 방사선을 방출하는 능력을, 시버트는 방사선이 생물체에 미치는 영향을 나타낸다.

우리가 살고 있는 지구에는 자연적으로 방사선들이 깔려 있다. 그 값은 지역마다 다르고 먹는 음식물(바나나, 멸치 등) 속에 조금씩 들어 있기도 하다. 이를 자연방사선이라고 하는데, 말하자면 자연에 배경으로 깔려 있는 방사선이다. 한국처럼 화강암이 많은 지형에는 대체로 자연방사선이 비교적 강한 편이다. 우리나라의 경우 자연방사선에 의한 연간 선량이 약 3밀리시버트 mSv이다.[44] 밀리milli는 천분의 일을 뜻하는 접두사이다. 자연방사선은 우리가 어쩔 수 없는 방사선이지만 인공적으로 발생하는 방사선은 우리가 통제할 수 있다. 엑스선 촬영이나 방사선 치료, 또는 핵 시설에서 나오는 방사선이 인공방사선의 대표적인 사례이다. 국제방사선방호위원회ICRP는 연간 방사선량 한도를 1mSv로 정하고 있다.[45]

그렇다면 자연방사선량인 3mSv에 비해 극히 적은 선량의 방사선은 크게 걱정할 필요가 없다고 생각할 수도 있다. 물론 '크게 걱정할 필요가 없을 정도로 극히 적은 선량'이 어느 정도인지에 대해서는 논란이 있을 수 있다. 여기에는 전문가들 사이에

---

44 한국원자력연구원, 「자연방사선과 인공방사선」, https://www.kaeri.re.kr/board?menuId=MENU00457&siteId=null

45 ICRP, 「The 2007 Recommendations of the International Commission on Radiological Protection」, ICRP Publication 103(2007).

서도 의견이 엇갈린다. 방사선량이 클 때, 대략 100mSv 이상일 때는 그 양에 정비례해서 암 발생률이 증가(선형 증가)하는 것으로 알려져 있다. 문제는 이 선형 증가 현상이 적은 방사선량에 대해서도 그대로 적용되는가이다. 한쪽에서는 피폭선량에 어떤 문턱값이 있어서 그 값 이하에서는 방사선이 인체에 영향을 미치지 않는다고 주장한다. 이 문턱값을 문턱선량이라고 한다. 다른 쪽에서는 문턱값 없이 선형 증가 현상이 그대로 유지돼 아무리 적은 피폭선량이라도 암 발생률을 끌어올린다고 주장한다. 이를 선형무역치모형Linear No-Threshold model, LNT이라 부른다. 적은 선량의 영역에서는 아직 누구나 동의할 수 있는 결과가 없는 상황이다. 이런 때에는 인체의 건강과 직결되는 문제이므로 가장 보수적인 관점을 취하는 것이 현명하다. 즉 LNT가 옳다고 가정하고 조금이라도 방사선에 노출되는 상황을 줄이는 것이 최선이다. ICRP에서도 '합리적으로 달성 가능한 수준에서 최대한 낮게As Low As Reasonably Achievable, ALARA' 피폭선량을 억제하도록 권고하고 있다. 연간 1mSv라는 기준도 어차피 인간이 편의적으로 정한 기준이라서 이 값만 절대적인 수치로 받아들이는 것은 그리 바람직하지 못하다.

6. 한국에서의 과학은 문제 해결 자판기?

과학이 원래 우리 것이 아닌 데다 과학을 받아들이는 과정도 순탄치 않았기 때문에 우리에겐 왜곡된 선입견도 있다. 십 년쯤 전 고등과학원에 있을 때 영화 제작진 한 분이 나와 동료연구원을 찾아왔었다. 영화 하나를 제작 중인데 스토리 전개에 필요한 어떤 공식을 만들어 달라고 요청했다. 얘기를 듣던 우리는 원하는 결과를 내기 위해 시간이 며칠 걸릴 것이라고 말했다. '며칠'이라는 말에 그 제작진은 화들짝 놀랐다. 고등과학원에 있는 과학자들이라면 그 정도 공식쯤은 자신이 질문을 하자마자 10분 안에 주르륵 적어 줄 것이라 예상했다며 크게 실망한 기색을 감추지 못했다. 이번엔 우리가 물었다.

"그런데, 자문료는 얼마 정도로 책정돼 있습니까?"

그 제작진의 표정은 놀람을 넘어 경악에 가까웠다. 자문료 같은 건 생각조차 못했다고 한다. 자신이 이렇게 먼 길을 찾아와서 물어보면 여기 과학자들이 순식간에 원하는 답을 적어 주고, 그러면 제작진에서는 엔딩 크레딧에 이름을 올려 주는 것으로 모든 일이 끝날 줄 알았다고 대답했다. 100억 원에 달한다고 알려진 그 영화의 제작비에 전문가 자문료가 한 푼도 배정되지 않았다는 사실에 이번에는 우리가 놀랐다. 과학에는 돈을 쓰지 않고 요즘 말로 '열정페이'를 바란다는 점도 주목할 만하지만, 나는 과학을 일종의 문제 해결 자판기, 또는 원하는 건 뭐든지 즉각 가져다주는 도깨비 방망이로만 받아들이는 자세가 못내 아쉬웠다. 나는 이를 '지적 한탕주의'라고 부른다. 여기에는 몇 가지 이유가 있다는 게 내 나름의 결론이다.

첫째, 과학은 우리 것이 아닐 뿐더러 과학이 형성되는 과정이나 사회화되는 과정으로서의 과학문화가 우리에겐 부족하다. 하지만 그 결과의 경이로움과 위력은 잘 알고 있다. 여기에는 과학에 대한 일종의 두려움도 깔려 있다. 한국 현대사에 드리운 우리의 트라우마 중 하나를 간단하게 요약하면 이렇다. 우리는 산업화·근대화가 늦어 일제식민지가 되었고 이후 분단과 내전을 겪은 뒤 지금 힘들게 살고 있다. 우리가 제때 과학기술을 발전시켜 산업화에 성공했더라면 지금 선진강국으로 더 잘살고 있을 것이다…. 앞서 말했듯이 "산업화는 늦었지만 정보화는 앞서가자"라는 구호에는 이런 우리의 트라우마가 잘 드러나 있다. 4차 산업혁명에 지금 우리가 민감하게 반응하는 이유도 나는 '4차'가 아니라 '산업혁명'에 있다고 생각한다. 산업혁명을 선도하거나 그 바람을 잘 타면 선진강국이 될 수 있다는 기대 또는 믿음. 그러니까 과학기술은 산업화나 산업혁명의 원동력이고 그게 곧 국가 발전으로 연결된다. 산업화가 한창이던 박정희 시절 형성된 우리의 과학기술관이 바로 이것이다. 체화하지 못한 어떤 가공할 무언가를 대하는 우리의 마음은 결과에 대한 조급함으로 이어질 가능성이 높다. 이는 한탕주의이다. 뭔가 한방으로 인생을 역전할 수 있고 나라의 운명조차 바꿀 수 있다는 믿음은 망상에 불과하다.

둘째, 우리의 학교 교육과도 관계가 있다. 입시 위주의 우리 교육에서는 문제 유형별 솔루션을 찾기만 하면 순식간에 문제가 풀린다. 그 길에서 한 발이라도 어긋나면 주어진 시간 내에 절대로 풀 수 없다. 일종의 마스터키인 셈이다. 유형별 마스터키만 찾으면 어떤 문제라도 쉽게 풀린다. 마스터키를 찾는 방법을 잘 익히려면 좋은 학원에 가야 한다. 이 규칙에 길들여지면 세상 모든 문제마다 순식간에 해결해 줄 마스터키가 있을 것이라 기대한다. 과학도 마찬가지이다. 고등과학원 연구원에게 순식간에 수식이 나오길 기대했던 영화 스태프도 그러했을 것이다. 현직 과학자들에게는 일반인이 알 수 없는 어떤 마스터키가 있을 것이라는 기대. 그러나 세상에는 과학자들조차 잘 모르는 현실이 너무나 많다.

마스터키를 너무 신봉하면 무리한 요구도 남발한다. 어떤 과학 이슈가 터질 때마다 나는 "초등학생도 이해할 수 있게 설명해 주세요."라는 말을 신물 나게 듣는다. 단언컨대 초등학생도 이해할 수 있는 현대과학은 거의 없다. 과학이 어렵다고 생각하는 사람들도 자신에게 마스터키만 주어지면 아무리 어려운 현대과학도 단숨에 이해할 수 있으리라 기대한다. 이 또한 변형된 한탕주의이다. 지적 한탕주의. 현대과학의 근간을 이루는 상대성이론과 양자역학은 이 세상에 모습을 드러낸 지 100년이 지났다. 그동안 수많은 사람들이 좀 더 쉽고 효율적으로 상대성이론과 양자역학을 배울 수 있는 방법들을 고안했고 교과서를 써 왔다. 만약 초등학생도 이해할 수 있는 방법이 있었다면 지난 100년 동안 어디선가 누군가는 그 비법을 이용하지 않았을까? 우리 한국 사람들만 모르는 비법이 지구 어딘가에 있는 것일까? 차분히 생각해 보면 그럴 리가 없다는 결론에 이를 것이다. 그렇다면 애초에 현대과학이 어렵다고 인정하는 편이 차라리 속 편하다. 이 세상에는 초등학생이 이해할 수 없더라도 가치 있는 것들이 많다. 초등학생들에게는 투표권이 없지만 민주주의는 대단히 중요하다. 엄청난 지적 고통을 감내할 만한 가치가 있는 것들이 많다. 현대과학도 그중의 하나이다.

　　'초등학생도 이해할 수 있게'라는 말을 들을 때마다 나는 이 말 속에 포함된 일종의 권력관계를 목격한다. 어려운 법률 용어나 의료 용어가 신문기사에 등장할 때 초등학생도 이해할 수 있는 수준으로 설명된 경우를 나는 거의 본 적이 없다. 나는 아직도 '미필적 고의'라는 말을 접할 때마다 인터넷으로 검색을 하곤 한다. 초등학생이 이 말을 이해할 리가 없다. 그럼에도 언론에서 아무런 설명 없이 이런 말을 쓰는 이유는 현대의 교양인으로 살아가려면 이 정도 수준의 말은 알아야 한다는 암묵적인 합의가 깔려 있기 때문이다. 과학에는 그런 합의가 없다. 몇 년 전 나는 유력 일간지 기고문에 '쿼크'라는 단어를 썼다가 데스크에서 '데스킹' 당한 적이 있었다. 쿼크는 우리 우주를 구성하는 가장 기본적인 입자 중 하나로, 이 말이 나온 지가 반세기도 넘었다. 과학 용어는 숟가락으로 떠서 입안에 넣어 줘야 하지만 법률 용어는 그렇지 않다. 한국에서 과학이 차지하는 위치가 어디쯤인지 가늠할 수 있는 좋은 사례이다. 나는 이게 늘 불만이다.

나의 소박한 저항은 "사도세자가 뒤주에 갇혀 죽은 이유를 초등학생도 이해할 수 있게 설명할 수 있나요?"라고 반문하는 정도였다. 때로는 "한 문장으로 요약해 달라."는 요구를 받기도 하는데, 이때 나의 준비된 반문은 "조선왕조실록을 한 문장으로 요약할 수 있나요?"였다. 언젠가 지방 도서관에 강연하러 가서 이 주제로 얘기하던 중에 비슷한 예를 들려고 하다가 사도세자의 사례는 너무 심하다 싶어서 "이성계가 위화도에서 회군한 이유를 초등학생도 이해할 수 있게 설명할 수 있나요?"로 에피소드를 바꾸었다. 내 말이 끝나기가 무섭게 가장 앞줄에 앉은 한 초등학생이 손을 번쩍 들고는 그 자리에서 일어나 이른바

'4불가론'을 줄줄줄 읊기 시작하는 게 아닌가! 나는 경악한 표정으로 벌린 입을 다물지 못했고 주변 어른들은 우레와 같은 환호와 박수를 보냈다. 역시 우리나라 초등학생들이 대단하긴 하다. 그 뒤로 나는 다시는 위화도 회군의 사례를 꺼내지 않았다.

과학하는 태도,

의심과
초협력

1. NIV, 남의 말 쉽게 믿지 말라

과학이 왜 과학적인가, 과학의 본질은 무엇인가 하는 문제는 관련 학자들의 몫이다. 보통 사람들이나 심지어 과학자들조차 그 내용을 자세히 알 필요는 없다. 다만 가장 성공적인 지식 창출 플랫폼으로서의 과학이 작동하는 몇몇 원리를 이해하고 그 성공 방정식을 추출해 응용할 수 있다면 4차 산업혁명과 코로나19 이후 뉴노멀의 파고를 헤쳐 나가는 데에 일말의 도움이 될 수는 있을 것이다. 그렇다고 해서 뭔가 신비롭고 오묘한 원리나 비법이 있는 것은 아니다. 누구나 알 법한, 가장 중요한 요소를 두 가지 제시하려고 한다. 이 두 가지 요소는 특히 4차 산업혁명의 철학과 맞닿아 있다.

첫 번째 원리는 이렇다.

"Nullius in verba."

이 말은 라틴어로, "어느 것도 당연한 것으로 받아들이지 말라." 또는 "남의 말 쉽게 믿지 말라." 정도로 옮길 수 있다. 알파고가 등장하기 전에도 도정일 교수는 교양 교육을 강조하는 자신의 칼럼에서 이 말을 소개하기도 했다. 이 문장은 영국의 유서 깊은 과학자 단체인 왕립학회Royal Society의 모토이기도 하다.

나는 항상 교양과학 수업 첫 시간에 이 말을 소개한다. 영국의 경험주의적 전통이 짙게 밴 냄새가 은은히 묻어나기는 하지만 과학적 방법론의 첫걸음으로서 아주 적절해 보인다. 과학과 관련된 지식을 하나 더 얻는 것보다, 남의 말을 쉽게 믿지 않고 항상 스스로 확인하는 자세를 가지는 게 중요하기 때문이다. 그것이 과학의 출발이다. 내가 물리학과 대학원 석사 과정에 처음 들어갔을 때 고전역학을 가르치던 교수님의 말씀이 아직도 기억에 남는다. 논문이든 교과서든 자신이 스스로 확인하기 전까지는 절대로 쉽게 믿지 말라. 사회생활에서야 이런 자세를 가지면 "넌 평생 속고만 살았냐?"라는 핀잔을 듣겠지만 과학의 자세를 배우려면 'NIVNullius In Verba'부터 실천해야 한다.

나뿐만 아니라 아마도 대부분의 과학자들은 대학원 과정에서 이런 훈련을 받을 것이다. 물론 모든 사람들이 전문 과학자 과정을 따라갈 필요는 없지만 그 기본 정신에는 주목할 필요가 있다. 2005년 이른바 '황우석 사건'이 터졌을 때 많은 사람들이 (특히 언론에서) "「사이언스」 같은 유수의 학술지에 논문이 실렸는데 더 이상 무슨 말이 필요하냐?"는 취지의 발언으로 황우석 교수를 옹호했었다. 그러나 이는 과학자들의 일반적인 상식과는 다르다. 「사이언스」나 「네이처」 같은 유명 학술지에 실린 논문은 그 자체로 존중하지만 그걸 절대적인 진리로 받아들이는 과학자는 거의 없다. 과학자들은 교과서에 실릴 정도로 매우 잘 확립된 과학적 사실조차도 의심을 갖고 끝없이 확인하고 검증하는 일을 업으로 삼고 있는 사람들이다. 그것이 과학 발전의 큰 원동력 중 하나이다. 그래서 과학에서는 이미 확립된 법칙도 과연 어느 영역까지, 어떤 한계까지 적용되는지를 검증하는 일에 무척이나 열심이다. 예컨대 만유인력의 법칙이 미세한 영역에서도 또는 우주적으로 아주 큰 스케일에서도 작동하는지를 따져 보는 것은 그 자체로 대단히 중요하다. 천하의 뉴턴역학도 일단 의심하는 과학자들이 겨우 「사이언스」 논문 하나에 목을 매달까.

내가 생각하는 NIV의 본뜻은 단지 남의 말 쉽게 믿지 말라는 표면적인 의미에 그치지 않는다. NIV는 결국 스스로 생각하는 힘을 키우라는 뜻이다. 한국형 천재가 잘하는 일, 잘 외우고 정답을 빨리 찾는 일에는 스스로 생각하는 능력이 오히려 방해가 될 수도 있다. 충분한 시간을 갖고 스스로 시행착오를 겪으면서 생각하는 힘을 키우기보다 "닥치고 외워."가 최고의 미덕이었다. 앞서 소개했던, 서울대 학생들이 높은 학점을 얻는 방법을 돌이켜 보자. 설령 자기 생각이 옳다고 확신하더라도 학점을 위해서는 자기 생각을 포기하고 교수의 노트를 따라가야 한다. 남이 정해 놓은 답과 규칙을 얼마나 잘 따라가느냐만 따진다면 스스로 생각하는 능력을 키우기보다 닥치고 외우는 길이 더 현명하다. 여기서는 남의 말 쉽게 믿지 않고 의심하고 스스로 확인하려는 NIV가 미덕이 아니라 재앙이다.

최근 유행하는 말 중에 '뇌피셜'이 있다. 공식적으로 인증된 사실이라는 의미의 '오피셜official'에 대비해서 자기 머릿속의 근거 없는 생각을 뇌피셜이라고 한다. 뇌피셜은 대개 부정적인 의미로 쓰인다. 물론 근거 없는 뇌피셜은 문제가 많다. 가짜뉴스로 확대되기도 한다. 그러나 여기에는 자기의 의견보다 '오피셜'을 '닥치고 외워'라는 사상이 어느 정도 투영돼 있다는 게 내 생각이다. 뇌피셜보다 오피셜을 추구하는 경향은 요즘 말로 '아싸(아웃사이더)'가 되지 않고 '인싸(인사이더)'가 되려는 욕망과 맥을 같이한다. '아싸'는 따돌림의 연장으로도 볼 수 있다. '인싸'는 실력보다 인맥이나 연줄이 여전히 중요한 한국 사회의 현실이 반영된 결과가 아닐까 싶다. 따지고 보면 인구의 수도권 집중 현상도 '인싸'를 추구한 결과가 아닌가. 한마디로 요약하자면 '인싸'='오피셜'='닥치고 외워'='고스펙'의 등식이, 또 '아싸'='뇌피셜'='낙오'의 또 다른 등식이 성립한다. '인싸'와 '오피셜'이 되려는 욕망은 어쩌면 통일신라시대 이래 강력한 중앙집권의 행정력을 발휘해 온 우리의 오랜 역사 속에서 형성돼 온 것인지도 모르겠다. 그만큼 우리는 나와 국가, 공동체의 일체감이 컸고, 그것이 위기 상황에서 국난 극복의 원동력이 되어 긍정적으로 작용하기도 했었다. 공동체와의 일체감이 크다는 것은 오피셜을 추구하는 '인싸' 지향성의 다른 일면이다. 그렇다면 반대로 '뇌피셜'은 마냥 잘못된 것일까?

뇌피셜에서 문제가 되는 것은 '근거 없음'이지 '스스로 생각하기'가 아니다. '근거 있는 뇌피셜'은 개성의 표현이고 그것이 곧 창의적 발상이다. 봉준호 감독이 오스카 시상식에서 인용했던 마틴 스콜세지 감독의 명언 "가장 개인적인 것이 가장 창의적인 것이다."도 근거 있는 뇌피셜의 가치를 역설한 것이다.

무엇이든 항상 누군가 정해 준 정답을 추구하도록 하는 교육은 한마디로 '오피셜'을 최고의 가치로 숭상하는 교육이다. 뇌피셜은 용납되지 않는다. 학생들과 말로든 글로든 이야기를 나눠보면 항상 '오답'에 대한 불안이 있음을 느끼곤 한다. 언젠가 어느 대학원에서 교양과학 수업을 하면서 '타임머신을 설계하라'는 과제를 낸 적이 있었다. 어차피 이 주제는 정답이 없으니까 기발한 상상력에 점수를 많이 주겠다는 해설을 붙였다. 그중에는 정말 기상천외한 방법들도 있었지만 여전히 상당수의 과제들에는 뭔가 공식적인 정답만을 찾으려는 흔적이 역력했다.

여기에 NIV가 4차 산업혁명 시대에 더욱 주목받아야 할 이유가 있다. 4차 산업혁명의 주요 키워드 중 하나가 초지능이다. 간단히 말해 사물이 지능을 갖는다는 얘기다. 인공지능기술은 이미 4차 산업혁명의 가장 중요한 기술로 떠오르고 있다. 4차 산업혁명이 무엇인지는 몰라도 앞으로는 인공지능이 세상의 변화를 주도할 것임은 누구라도 쉽게 예상할 수 있다.

나의 근본적인 의문은 이런 것이다.

사물에도 일부러 지능을 집어넣으려는 초지능의 시대에, 왜 우리는 태어날 때부터 갖고 있는 지능을 안 쓰려고 하는 것일까? 게다가 한국인들은 두뇌가 우수하다고들 하지 않았나? 남의 말 쉽게 믿지 말라는 NIV의 진정한 가르침은 스스로 생각하는 힘을 기르라는 뜻이다. 우리 스스로 생각하는 능력이 부족한데, 과연 사물에다 적절한 지능을 넣을 수 있을까? 그러니까 4차 산업혁명을 실현한다는 것은 표면적으로 인공지능기술을 도입하는 것이라기보다 그에 앞서 초지능의 본질부터 우리 일상에서 구현해야 가능하다. 한국형 천재에 없던 요소가 바로 자신의 지능으로 '근거 있는 뇌피셜'을 만드는 과정이다. 인공지능조차도 언제까지 남이 정해 놓은 오피셜을 따라서만 갈 수는 없지 않은가? 우리에게 필요한 인공지능은 우리가 개발해야 하고 우리가 데이터를 모아야 하고 그 전에 우리의 필요부터, 우리에게 필요한 것은 과연 무엇인가, 우리가 인공지능기술로 추구하려는 편의와 가치가 무엇인가부터 주체적으로 고민해야 한다. 코딩을 하든 로봇을 만들든 그건 그다음의 문제이다. 언제부터인가 한국에서도 어릴 때부터 코딩 교육을 시켜야 한다며 각종 과정들을 신설하기 시작했다. 한국의 코딩 교육 과정은 대체로 기술적인 프로그래밍 언어 교육 위주이다. 반면 영국의 코딩 교육에는 시장조사와 사후적인 애프터서비스 과정까지 포함돼 있다고 한다. 우리의 교육이 목적이나 방향성 없는 기술적인 코딩에만 머물러 있다면 영국의 교육은 어떤 구체적인 목적을 달성하기 위한 자기 완결적이고 유용한 수단인 셈이다. 남들이 정해 놓은 규칙과 틀 속에서 문제 풀이에만 집중하는 교육과, 스스로 문제를 설정하고 하나의 패러다임을 구축하는 교육의 차이가 이런 데서도 드러난다. 선진국 또는 선도국가가 된다는 것은 단지 한두 가지 '신박한' 기술을 빨리 도입하는 것이 아니다. 기술은 어떤 가치를 실현하기 위한 도구이다. 지금까지 우리가 도구에만 관심을 집중했다면 이제부터는 가치부터 고민해야 한다. 기술은 가치를 실현하기 위한 자기 완결적인 전체 과정의 일부일 뿐이다. 자기 완결적인 전체 과정을 중심에 두어야 이를 실현하기 위한 다른 기술들도 쉽게 융합할 수 있다.

결국 과학을 한다는 것은 나의 시각, 나의 철학으로 세상을 바라보고 그로부터 자율적이고 주체적으로 정보를 얻는 과정이다. 이는 우리를 둘러싼 제반 환경에 대한 통찰을 얻는 첫걸음이다. 주변 환경에 대한 주체적인 통찰, 나는 이것이 문명의 본질이라고 생각한다. 17세기 과학혁명을 통해 근대과학이 정립되면서 인류문명(적어도 서구문명)이 변곡점을 찍을 정도로 전환기를 맞이한 것도 이런 이유 때문이다. 우리 또한 4차 산업혁명과 팬데믹을 겪으면서 우리 역사의 어떤 변곡점을 기록하고 싶다면 문명사적인 시각으로 지금의 시대를 바라봐야 한다. 남이 정해 준 규칙에 따라 우리 자신과 주변을 정의하고 이해하는 것이 아니라 우리의 시각과 철학으로 세상을 들여다봐야 한다. 그것이 가장 성공적이고 극적인 문명사적 전환을 이루었던 과학의 출발점이었다. 그렇다고 해서 뭔가 거창한 철학이나 원리가 필요한 것도 아니다. 사물에 지능을 넣기 전에 우리의 지능은 제대로 작동하고 있는지, 그 점부터 살펴보면 된다.

이는 꼭 과학기술 분야에만 국한된 문제도 아닌 것 같다.

"미성숙의 프레임은 10년 차가 돼도, 중견 기자가 되고 부장이 돼도, 부장검사가 되고 부장판사가 돼도 달라지지 않는다. 독자적으로 생각하고 행동하는 법을 모른다. 한 사람의 주체로서 책임감을 갖고 행동하기보다는 지시가 내려오기를 오매불망 기다린다. 상사 앞에서 항상 뭔가 부족한 아이가 되어 예뻐해 달라고 징징거린다. 그들이 자기 인생을 책임져 주지 않는데도."[1]

'독자적으로 생각하고 행동하는 법'을 모르는 사람들이 '독자적으로 생각하고 행동하는' 기계를 도입한다는 건 어불성설이다. 이런 사람들은 남들이 개발한 똑똑한 기계로부터 '지시가 내려오길 오매불망' 기다릴 게 분명하다. NIV는 결국 본질적으로 자율성과 주체성의 문제이다.

---

1   권석천,『사람에 대한 예의』, 어크로스(2020).

2. 김연아 점프 비거리의 비밀

피겨스케이팅을 모르는 사람은 있어도 김연아 선수를 모르는 사람은 없을 것이다. 나도 그런 사람들 중 한 명이다. 김연아 선수는 피겨의 불모지인 한국에서뿐만 아니라 세계 전체를 통틀어도 100년에 한 번 나올까 말까 한 선수라고들 한다. 전문가가 아니더라도 김연아의 경기는 다른 선수들의 경기와 비교했을 때 정말 다른 '클래스'임을 누구나 알 수 있다. 2010년 캐나다 밴쿠버 올림픽 때도 그랬고 2014년 러시아 소치 올림픽 때도 그랬다. 밴쿠버 올림픽 때의 금메달은 너무나 당연했고 소치 올림픽에서의 2연패도 너무나 당연해 보였으나, 석연찮은 홈텃세 때문에 은메달에 그치고 말았다.

김연아 선수의 기량이 월등한 이유는 뭘까? 완벽한 3회전 점프, 풍부한 감정 표현, 힘차면서도 안정적인 스케이팅 등이 흔히 꼽히는 이유이다. 물리학자로서 내가 관심을 가졌던 요소는 김연아 선수의 엄청난 스케이팅 속력이었다. 다른 선수들은 점프에 들어갈 때 활주하던 속력을 줄이는데 김연아 선수는 엄청난 스케이팅 속력을 줄이지 않고 달려오던 기세 그대로 점프로 돌입한다는 것이다. 이런 기사를 수도 없이 보면서 나는 그 엄청나다는 점프 진입 속력이 얼마나 될까 문득 궁금해졌다. 피겨스케이팅 선수가 빙판을 활주하다가 공중으로 날아오르는 동작은 일반물리학에서 가장 기본적으로 다루는 2차원 투사체(비스듬히 던져 올린 물체) 운동으로, 고등학교 수준의 지식만 있으면 아주 간단하게 기술할 수 있다. 물리학에서 속력speed은 속도velocity의 크기로서, 속도는 크기와 방향을 모두 갖는 벡터양이다. 속도는 위치에 대한 시간의 변화량, 즉 시간에 대한 미분으로 정의되는데 위치 또한 어떤 기준에 대한 크기와 방향을 갖는 벡터양이다. 김연아 선수의 운동을 분석하려면 그 속력을 아는 것이 기본이다.

그런데 아무리 찾아봐도 김연아 선수의 점프 진입 속력이 얼마인지 정량적인 수치를 찾을 수가 없었다. '굉장히' 빠르다, '엄청나게' 빠르다, '무서울 정도로' 빠르다는 식의 정성적인 표현은 많았지만 그래서 그게 구체적으로 시속 몇 킬로미터인지 알 길이 없었다. 다만 브라이언 오서 코치가 언론과 인터뷰한 내용에 점프와 관련된 몇몇 수치들이 제시돼 있었다. 그나마 그 인터뷰도 미국의 뉴욕타임스가 2010 밴쿠버 올림픽을 앞두고 김연아 특집판 기사를 내면서 했던 인터뷰 내용이었다. 김연아 선수의 3회전 연속 점프를 파노라마식 연속 사진으로 펼쳐 지면을 채운 것이 인상적이었던 이 기사는 이후로도 국내에 비중 있게 소개되었는데, 그도 그럴 것이 김연아 선수의 모든 것을 망라하고 있었다.

이 기사를 본 첫 느낌은 씁쓸함이었다. 김연아 선수는 대한민국 선수인데 왜 우리는 이런 기사를 내지 못하는 것일까, 왜 외신이 분석한 내용을 국내 언론이 거꾸로 역수입을 해야 하는 것일까, 우리는 우리 자신을 이해하기 위해서조차 외국의 시선이 없으면 안 되는 건가, 그런 생각들이 머릿속을 맴돌았다. 김연아 선수는 대한민국이 배출한 가장 위대한 선수라고 입을 모아 칭찬하고 자랑하면서, 정작 그 선수에 대해서 자세하게 분석하고 이해하려는 노력은 너무나 부족해 보였다. 이런 태도는 제2의 김연아가 어디선가 태어나기만을 간절하게 기다릴 뿐 체계적으로 키워 낼 계획이나 노력은 전혀 기울이지 않는 게 아닌가 하는 의구심을 불러일으킨다. 물리학계에서는 이와 비슷한 우스갯소리가 있다. 미국 페르미연구소의 이론물리학부장을 역임했던 이휘소(벤자민 리) 박사를 소개할 때 흔히 한국이 낳은 위대한 물리학자라고 하는데, 한국이 한 일은 그저 낳은 것밖에 없다는 말이다. 이휘소, 아니 벤자민 리를 세계적인 물리학자로 키운 것은 미국이었다.

여기서의 교훈은, "그래서 똑똑한 우리 인재를 우리가 제대로 키우자."로 그치면 안 된다. 이휘소 박사가 미국으로 건너가 마이애미대학교 물리학과에 편입한 것이 1955년이었다. 잠깐 관점을 달리해서 보자면, 미국은 세상에서 가장 가난한 나라의 학생을 받아들여 세계 최고의 인재로 길러 낸 셈이다. 미국이 20세기 세계 최강국의 지위를 누릴 수 있었던 것도 적극적으로 세계의 인재를 흡수해 잘 길러 냈기 때문이다. 트럼프 전 미국 대통령은 재임 때 정반대의 길을 걸었다. 이른바 미국 우선주의를 내세우며 이민을 억제하고 국경을 걸어 잠갔다. 특히 전문직 취업비자(H-1B)를 억제하는 이민법을 추진해 안팎의 비난을 초래했다. 미국의 유명한 이론물리학자인 미치오 카쿠는 지난 2011년 어느 토론회에서 H-1B를 '천재비자'라 부르며 이렇게 말했다.[2]

"미국에는 비밀병기가 하나 있습니다. 바로 H-1B입니다. H-1B가 없다면 이 나라의 과학 기반은 무너져 내릴 것입니다. 구글은 잊으세요. 실리콘 밸리도 잊으세요. H-1B가 없으면 실리콘 밸리도 없습니다."

---

2 Dr. Michio Kaku, 「America Has A Secret Weapon」, https://www.youtube.com/watch?v=NK0Y9j_CGgM

카쿠는 '(이민이 없다면) 우리는 삼류 국가가 되었을 것'이라며 트럼프의 이민 억제 정책을 비판했다.[3] 카쿠의 주장을 증명하는 무수히 많은 사례 중에 가장 최근의 예로 미 항공우주국의 미미 아웅Mimi Aung을 들 수 있다. 아웅은 미얀마계 미국인으로, 2021년 2월 18일 화성에 착륙한 미국의 화성탐사선 퍼서비어런스호에 동반된 헬리콥터 인제뉴어티호를 운용하는 팀장이다. 미국 일리노이주에서 태어난 아웅은 2살 때 부모를 따라 미얀마로 돌아갔다가 16세에 다시 미국으로 건너갔다. 아버지는 화학박사였고 어머니는 미얀마 최초의 여성 수학박사였다. 인제뉴어티호는 2021년 4월 19일 사상 최초로 외계행성에서의 비행에 성공했다.[4]

우리는 과연 재능은 있으나 기회가 부족한 나라의 젊은이를 불러들여 세계 최고의 인재로 키워 낼 수 있을까? 나는 이것이 글로벌 리더의 중요한 역할이 아닐까 싶다. 우리나라의 인재에도 별 관심을 가지지 않고 제대로 키우지 못하는 현실에서 아직은 먼 이야기처럼 들린다. 그러나 우리가 더 이상 남들을 따라

---

3 Maggie Fox, 「This Celebrated Scientist Says Trump Is Wrong About Immigration」, NBC News, 2017. 2. 15., https://www.nbcnews.com/mach/innovation/beloved-scientist-says-trump-wrong-about-immigration-n719646

4 Phoe Wa, 「Burmese-American engineer powering NASA to Mars」, Myanmar Times, 2020. 12. 8., https://www.mmtimes.com/news/burmese-american-engineer-powering-nasa-mars.html

가지 않고 문명을 선도하는 국가가 되려면 '글로벌 인재 양성소'로서의 역량을 갖춰야 한다. 다행히도 이런 역할을 하는 분야가 전혀 없는 것은 아니다. 한국의 아이돌 시스템에서는 이미 글로벌 인재를 양성해 오고 있다. 2021년 현재 명실공히 세계 최고의 걸그룹이라 할 수 있는 '블랙핑크'는 YG엔터테인먼트에서 육성한 4인조 다국적 그룹이다. 블랙핑크의 메인 댄서이자 리드 래퍼인 리사는 태국 출신으로 YG엔터테인먼트 최초의 외국인 멤버이다.[5] 리사의 인스타그램 계정 팔로워 수는 무려 5천만 명을 넘는데[6] 이는 국내 연예인 중 최다이다.

김연아의 사례로 다시 돌아오자면, 그렇게 미국에서 한국으로 역수입된 김연아 관련 기사에 따르면 김연아 선수의 점프 비거리는 7.62m, 최대 점프 높이는 약 60cm, 체공 시간은 0.55초였다. 이 수치 모두 다른 선수들보다 각각 1m, 10cm, 0.1초 정도 더 뛰어난 수치이다. 이 정도의 수치면 김연아 선수의 점프 진입 속도나 각도 등을 계산하기에 충분한 정보이다. 처음에는 나도 이 수치들을 아무런 의심 없이 받아들여 몇 가지 계산을 해 보았고 그 결과들을 교양과학 수업 시간에 소개하기도 했었다. 교양과학 수업에서 김연아 사례를 소개한 이유는 고등학교

---

5   권수빈, 「YG 첫 외국인 멤버 리사 "부담스럽지만 열심히 하겠다"」, 뉴스1, 2016. 8. 8., https://www.news1.kr/articles/?2741871

6   유수연, 「블랙핑크 리사, 인스타 팔로워 5000만 돌파…'대세 입증'」, 스포츠월드, 2021. 4. 11., http://m.sportsworldi.com/view/20210411503651

수준의 간단한 수학·물리학 지식만으로도 얼마나 많은 일을 할 수 있는가를 보여 주고 싶었기 때문이다. 무엇보다 우리는 우리가 배출한 세기의 위대한 인물을 얼마나 잘 모르고 있는가도 알려 주고 싶었다.

그러던 어느 순간 위 수치들에 약간의 의심이 들기 시작했다. NIV의 시간이 온 것이다. 눈에 거슬리는 숫자는 점프 비거리인 7.62m였다. 물리학자들은 숫자에 민감한 편이다. 우선 비거리를 이렇게 소수점 이하 둘째자리까지 측정했다는 점도 의아했고 무엇보다 7.62m는 너무 먼 거리로 보였다. 김연아 선수의 키를 170cm로 잡더라도 자기 키의 대략 4.5배에 달하는 거리를 날아야 한다. 정확하게 계산해 보지 않더라도 이렇게 먼 거리를 비행했다는 건 직관적으로 믿기 어렵다. 비견한 예로 찾아보니 육상 경기 중 멀리뛰기 여자부 세계 기록이 7.52m였다. 이 정도면 혹시나 하는 의심이 확실한 의혹으로 바뀔 만하다.

이런 확실한 의혹이 들고서야 나는 뉴욕타임스의 해당 기사를 찾아보았다. (사실은 그제야 국내 언론의 소스가 뉴욕타임스임을 알게 되었다) 거기서 많은 의혹과 궁금증이 풀렸다. 먼저 7.62m의 근원은 25피트였다.[7] 그것도 'about 25feet'여서 소수점 둘째자리까지 정확하게 변환한 국내 기사가 좀 민망해 보였다. 아마도 한국에서 분석 기사를 썼다면 대략 7.5m 정도라고 하지 않았

---

7   원문에 따르면 "Kim Yu-na's jump covers about 25feet."이다.

을까? 더 큰 문제는 그다음이었다. 뉴욕타임스에서 25피트라고 한 거리는 한 번의 점프 비거리가 아니라 연속 점프를 한 총 이동 거리였다. 보통 김연아 선수는 주특기인 트리플 러츠triple lutz 점프를 뛴 다음 바로 이어서 연속 동작으로 트리플 토룹triple toe loop 점프를 뛴다. 따라서 25피트는 1회 점프할 때의 비거리가 아니었다.

그렇다면 실제 1회 점프 때의 비거리는 얼마일까? 보통의 일반물리학에서는 투사체의 초속도(크기와 각도)를 알 때 최고 높이와 비거리를 구하는 문제가 등장한다. 나의 궁금증을 해결하려면 일반물리학 문제 풀이와는 반대 방향으로 접근해야 한다. 즉, 비거리와 최고 높이로부터 초속도를 구하는 것이다. 비거리와 최고 높이를 알아내는 가장 손쉬운 방법은 김연아 선수의 점프 동작을 연속으로 찍은 사진을 이용하는 것이다. 먼저 사진에서 지면에 해당하는 수평선을 긋고 그로부터 점프 최고점까지의 높이와 김연아 선수의 키를 비교했다. 그러니까 최고 높이를 하나의 척도로 사용한 셈이다. 그 결과 김연아 선수의 키는 최고 높이의 2.75배 정도였다. 최고점 높이가 60cm(=0.6m)라면 김연아 선수의 키는 60×2.75=165cm여야 한다. 즉, 김연아 선수의 키가 165cm이면 점프 최고 높이가 60cm라는 정보는 정확한 셈이다. 인터넷(Yunakim.com)에 공개된 김연아 선수의 키는 164cm이다. 거의 같은 결과가 나온 셈이다.

이제는 1회 점프 비거리를 잴 차례이다. 키를 잴 때와 마찬가지로 최고 높이를 기준 척도로 비교해 보니 비거리는 최고 높이의 약 6.5배가 나왔다. 미터로 환산하면 3.9m가 나온다. 이 값은 7.62m에 비해 더 현실적이다. 이로부터 3회전 점프에 진입하는 초속도의 크기와 방향을 모두 알 수 있다. 그 전에 한 가지 사항을 교차 검증해 보기로 했다. 공중으로 점프했을 때 최고점의 높이가 60cm이면 이로부터 곧바로 체공 시간을 구할 수 있다. 물체를 지면에서 비스듬히 쏘아 올리면 포물선을 그리며 최고점까지 올라갔다가 다시 지면으로 내려오는데 이때 총 비행에 걸리는 체공 시간은 물체가 수직으로 똑같은 최고 높이까지 올라갔다가 내려오는 데에 걸리는 시간과 똑같다. 또한 이 시간은 최고점에서 물체를 자유낙하시켰을 때 지면까지 도달하는 데에 걸리는 시간의 두 배이다. 이 시간은 오직 지면으로부터 최고점까지의 높이(그리고 중력가속도)로만 정해진다. 그러니까 김연아 선수의 점프 최고점이 60cm라는 정보로부터 점프 체공 시간은 곧바로 계산할 수 있다. 그 값은 약 0.7초이다. 이 값은 브라이언 오서 코치가 말했던 0.55초보다 더 길다. 정말로 체공 시간이 이렇게 긴지 확인하기 위해 나는 수업 시간에 김연아 선수의 점프 동영상('움짤')을 보여 주고 학생들에게 각자의 스마트폰에 있는 스톱워치로 시간을 측정해 보라고 했다. 스마트폰은 정말로 유용하다. 학생들마다 측정값이 조금씩 다르지만 평균값은 대략 0.7초에 가까웠다.

이제 김연아 선수가 점프하는 운동을 수평 성분과 수직 성분으로 나누어 운동방정식을 적용하면 점프 진입 속도의 크기와 지면으로부터의 각도를 알 수 있다. 결과만 말하자면 점프해서 올라가는 각도는 약 32도이고 그 속력(=속도의 크기)은 시속 23.5km이다. 실제 피겨스케이팅 선수들의 점프 진입 속도 최고치가 시속 24km 정도 된다고 한다.[8]

다소 장황해 보이지만 결국 사진 한 장과 기본 정보(김연아 선수의 키), 그리고 일반물리학의 가장 초보적인 지식만으로 김연아 선수 점프의 비밀을 아주 쉽게 수치적으로 알아낼 수 있다. 고등학교 내지 대학교 1학년 수준의 지식과 검색 능력만 있으면 가능한 일이다. 그런데 왜 우리나라에서는 아무도 이런 일을 하지 않았을까? 김연아 선수가 대한민국이 자랑스러워 할 불세출의 영웅임을 감안하면 언뜻 이해하기 어렵다. 그렇다고 대단히 전문적인 지식이 필요한 것도 아니다. 결국 마음가짐의 문제가 가장 크다. 우리 자신의 문제조차 우리 스스로 돌아보려 하지 않는 태도로는 문명사회를 이룰 수가 없다. 제2의 김연아는 더욱 요원하다. 이런 마인드에서 코딩 교육만 한다고 인공지능 기술이 비약적으로 발전할까?

한국에서 아직 과학이 발달하지 않은 데에는 여러 가지 이유가 있겠지만, 우리 스스로가 우리를 둘러싼 주변을 주체적인 시

---

8   Wikipedia, s.v., 「Figure skating」, 2021. 5. 28., https://en.wikipedia.org/wiki/Figure_skating

각으로 바라보고 통찰을 가지려는 의지가 부족했던 것이 가장 근본적인 이유가 아닐까 싶다. 흔히 기초과학은 먼 미래에나 그 효과가 나타나기에 당장 먹고사는 문제를 해결하기 위해서는 돈벌이가 되는 기술에 선택과 집중을 해야 한다고들 말한다. 그러나 과학은 정보이고 기술은 현실화 능력이기 때문에 이 둘은 사실 양자택일의 문제가 아니다. 정보는 남이 만들어 놓은 것을 사용하면 좋겠지만 어느 순간 그 한계가 드러날 것이 분명하다. 김연아에 대한 정보를 외신으로만 얻는다면 (때로는 그게 빠를 수도 있겠지만) 우리가 우리 힘으로 제2의 김연아를 키울 수는 없다. 그저 제2의 김연아가 태어나기를 기다리는 수밖에 없다.

이게 스포츠 영웅에게만 국한된 얘기라면 그냥 넘어가도 상관없을 것이다. 그러나 과학 활동이라는 것이 우리 자신과 주변에 대한 주체적인 통찰을 이룩하는 과정이기에 이는 곧 우리의 생존과도 직결되는 문제이다. 지난 2011년 일본의 후쿠시마에서 초대형 원전 사고가 났을 때 그 주변의 오염된 공기가 혹시나 한반도로 유입되지 않을까 하고 많은 사람들이 걱정하였다. 기상청이나 일부 전문가들은 편서풍 때문에 후쿠시마 주변의 오염된 공기가 한반도로 들어올 가능성은 극히 낮다고 국민들을 안심시켰다. 불행히도 사람들은 그 말을 믿지 않고 독일 기상청에 접속해 실제 일본과 한반도 주변의 대기 흐름과 시뮬레이션 결과를 들여다보기 시작했다. 왜 우리는 우리 주변의 대기 흐름을 이해하기 위해서 남의 나라 기상청을 기웃거려야 했을까? 일본은 2021년 4월 125만 톤에 달하는 후쿠시마 오염수를 바다로 방출하겠다고 공식 발표했다. 이제는 해류의 움직임이 관심사다.

그렇다고 우리가 늘 모든 분야에서 못했던 것은 아니다. 한반도를 지나가는 태풍의 진로는 최근 한국의 예측 경로가 미국이나 일본의 예측에 비해 비교적 정확했다. 훨씬 더 성공적이었던 사례는 코로나19 방역이었다. 'K-방역'이 성공했던 기본 원칙은 이른바 '3T'로서 검사Test, 추적Trace, 조치Treat가 신속하고도 정확하게 이루어졌다. 달리 표현하자면 우리 국민의 감염 상태와 전염 경로에 대한 정보를 집요하게 파악한 덕분에 조기에 적절한 대처를 할 수 있었다. 초기 방역의 결정적인 수훈 갑이었던 진단키트는 첫 확진자가 나왔던 2020년 1월 20일보다 거의 한 달 정도 전이었던 2019년 12월 크리스마스 전후부터 준비되고 있었다. 만약 그 시점에 다른 나라의 조치나 방역 대책이 나올 때까지 기다렸다거나 다른 선진국의 진단키트가 나오기를 기다렸다면 K-방역이라는 개념 자체가 성립할 수 없었을 것이고 우리 또한 수많은 생명을 잃었을 것이다. K-방역의 성공은 우리가 우리 자신의 문제를 주체적으로 파악하고 해결하겠다는 과학적인 마인드의 성공이다. 그렇게 집요하게 수집한 한국의 데이터는 다른 선진국에서도 방역에 유용한 자료로 활용하고 있다.

3. 가짜뉴스

NIV가 필요한 현실적인 이유도 있다. 요즘처럼 복잡하고 험난한 세상에서는 까딱 잘못하면 속고 살기 십상이다. 이른바 가짜뉴스도 양과 질에서 폭발적인 성장세를 보였다. 특히 코로나19 팬데믹의 상황 속에서 잘못된 정보가 전염병처럼 퍼지는 이른바 '인포데믹infodemic' 현상이 전 세계적인 큰 문제로 떠올랐다. 이제는 인포데믹에 대한 정보 방역 또한 병원체에 대한 방역 못지않게 중요해졌다. 그러나 아무리 똑똑하고 유능한 사람이라도 지금처럼 넘쳐나는 정보와 세세한 전문분야의 까다로운 디테일을 다 알 수는 없다. 늘 비판적이고 주체적인 자세를 가지지 않으면 자신도 모르게 가짜뉴스의 희생자가 될 수 있다. 이렇게 글을 쓰고 있는 나도 예외는 아니다.

누가 영구기관을 만들었다고 하면 과연 그걸 믿을 사람이 있을까? 21세기 대명천지에 누가 그런 허무맹랑한 소릴 하나 싶겠지만, 무한동력기관을 만들었다는 기사가 버젓이 언론에 실리는 게 21세기의 대한민국이다. 인류의 연료 문제를 해결해 1경 5천조 원의 가치가 있다는 몇 년 전의 그 기사 내용이 사실이라면 아마 그 발명의 주인공은 지금쯤 노벨상을 받았을 게다. (물리학상과 평화상을 동시에 줘도 전혀 아깝지 않다) 그런데 웬일인지 여태 아무런 소식이 없다. 아니, 인류의 에너지 문제를 해결했는데 '겨우' 1경 5천조 원밖에 가치가 없을까? 최저임금을 찔끔 올리네 마네 그런 쓸데없는 논쟁 따윈 진작 하지도 않았을 텐데. 그 뉴스를 취재하고 기사를 작성한 기자나 편집부 데스크에서 최소한의 NIV가 작동했더라면 그런 어이없는 기사가 공공연하게 노출되고 뭇 사람들의 비웃음을 사지도 않았을 것이다.

그 기사를 본 누군가는 제도권 과학자들이 자신들만의 아집에 갇혀 재야 발명가의 혁신적인 노력을 무시한다고 할지도 모른다. 혁신과 파괴는 원래 과학자들의 장기이기도 하다. 그러나 과학자들이 재야 발명가와 다른 점은 기존에 확립된 법칙이나 이론을 거부할 때 그럴 만한 상당한 근거를 갖고 있다는 사실이다. 앞에서도 말했듯이 과학자들이 가장 혁명적일 수 있었던 것은 가장 보수적이기 때문이다.

무한동력과 비슷한 급의 주장으로 지구평면설이 있다. 지구가 둥글지 않고 평평하다는 얘기이다. 2016년을 전후해서 한국뿐만 아니라 세계적으로도 지구평면설이 유행처럼 번지기도 했었다. 그 무렵 어느 방송사 프로그램에서 지구평면설을 주장하는 사람들과 직접 만나 얘기를 나눈 적이 있었다. 적어도 그분들의 신념은 진지하고 심각했다. 남들이 당연하다고 받아들이는 사실도 의심하고 직접 확인하려는 NIV의 자세는 정말 칭찬할 만하다. 그러나 기존에 확립된 사실을 거부하려면 그 체계 속에서 가능한 모든 방법을 동원하고서도 설명하지 못하는 현상들이 있어야 한다. 지구평면설은 그렇지 못하다. 거꾸로 지구평면설이 설명하지 못하는 부분이 훨씬 더 많다.

무한동력이니 평평한 지구니 하는 말은 그래도 좀 익숙해서 상식이 있는 사람은 쉽게 믿지 않는다. 하지만 좀 더 전문적인 용어가 등장하면 상황은 달라진다. 지난 2007년 언론에 소개된 이른바 '제로존 이론'은 일반인이 한눈에 알아보기 어렵다. 당시 하도 논란이 일자 한국물리학회에서 공식적으로 검증해 부정적인 의견을 냈다. 그럼에도 비교적 최근까지 이름만 대면 알만한 재벌총수가 이 이론의 주인공에게 거액을 후원하고 있다는 소문이 나돌기도 했다.

아주 최근의 예로 양자통신기술을 들 수 있다. 지난 2017~18년 중국의 과학자들이 인공위성을 이용해 수천 킬로미터 떨어진 거리에서 양자통신에 성공했다는 외신뉴스가 있었다. 양자인터넷의 초석을 놓았다는 평가를 받는 이 일련의 실험 중 일부는 양자역학의 얽힘entanglement이라는 신비한 현상을 이용했다.

이전까지는 지상 수십 킬로미터에서 성공한 실험을 중국 연구진이 위성을 동원해 천 킬로미터가 넘는 거리에서도 양자역학을 이용해 정보를 전송하는 데에 성공했다는 점이 이슈였다. 이 뉴스를 국내 언론은 거의 예외 없이 순간적으로 통신이 가능하다는 식으로 보도했다. 즉, 양자통신을 이용하면 빛보다도 빨리 정보를 주고받을 수 있다고 다수의 언론이 보도했다. 현대물리학을 잘 모르는 사람들은 이 보도 내용을 그대로 믿을 수밖에 없다. 이는 아마도 양자얽힘 덕분에 두 입자가 아무리 멀리 떨어져 있더라도 한쪽 입자의 양자상태가 다른 쪽 입자의 양자상태에 의해 순식간에 즉각적으로 결정될 수 있다는 놀라운 성질을 오독한 탓인 듯하다.

사실을 말하자면 양자역학이 제아무리 날고 기어도 아직까지는 물리적인 신호를 빛보다 빨리 주고받을 수 없다. 누군가는 나쁜 마음을 먹고 국내에 보도된 내용을 악용할지도 모른다. 양자역학의 신비를 이용해 빛보다 빠른 통신이 가능하며 이 기술로 4차 산업혁명 시대를 이끌 차세대 새로운 인터넷을 만들 수 있다고 그럴 듯하게 속여서 국가로부터 거액의 세금을 뜯어가지 않을까? 몇몇 과학자들이 그건 사기라고 하면, 이 사기꾼은 제도권 틀에 박혀 기득권만 추구하는 과학자들이 새로운 국부를 창출할 기회를 날려 버린다고 국민들에게 호소할 것이다. 지금처럼 과학과 기술이 고도로 발달한 사회에서는 이런 일이 비일비재하게 일어난다. NIV를 장착한 플랫폼이 작동하지 않으면 속고 살기 딱 좋은 세상이다. 교양과학을 가르치면서 무엇보다 나는 내 학생들이 내 수업을 듣고 잘 속지 않는 사회인이 되었으면 하고 바랐다. 이 내용은 실제로 첫 시간의 중요한 메시지이기도 했다.

그러나 현실에서는 모든 정보의 진위 여부를 개개인 각자가 혼자서 다 검증할 수 없는 노릇이다. 양자통신의 예에서도 봤듯이 전문적인 영역으로 한 발짝만 들어가도 사태는 대단히 복잡하고 까다로워진다. 백신에 사람을 조종하는 마이크로칩이 들어가 있다는 일부 종교단체의 주장은 비교적 쉽게 괴담에 불과함을 알 수 있지만(일단 마이크로칩은 너무 크다. 나노칩이라면 모를까) mRNA 방식으로 만든 백신이 인체에 부작용을 일으킬 수도 있다는 주장은 괴담이라기보다 과학적으로 보수적인 신중론에 가깝다. 언뜻 보기에는 괴담과 신중론이 종이 한 장 차이에 불과하다. 핵발전소와 핵폐기물의 위험성이 누군가에게는 신중론이지만 또 누군가에겐 괴담이다. 2021년 1월 월성원전 부지 내 지하수에서 방사성 물질인 삼중수소가 다량으로 검출된 사건이 일부 언론을 통해 알려졌다. 환경단체와 지역주민들을 중심으로 사태의 심각성을 우려하는 목소리가 나온 반면 업계 쪽에서는 안전 기준을 어기지 않아 큰 문제가 아니라는 반응이 나왔다. 후자의 입장에 있었던 어느 교수는 바나나 6개, 멸치 1g 먹은 정도의 방사능에 호들갑이라고 전자를 꾸짖었다. 논의를 자세히 살펴보면 서로가 들이대는 근거 수치와 기준이 다 다르다.

각자가 팩트에 가까운 말을 하고 있더라도 사태의 실체적 진실과는 거리가 멀 수도 있다.

실제로 전문적인 과학 분야의 지식은 대단히 까다로워서 말 그대로 아 다르고 어 다르다. 책을 쓰거나 외서를 옮기거나 언론 등에 투고하다 보면 편집자가 일반 독자를 위해 표현을 좀 더 부드럽게 바꾸는 경우가 있다. 대부분은 내가 쓴 표현보다 훨씬 더 좋은 결과가 나오지만 아주 가끔은 조사 하나 바꿨을 뿐인데 전혀 다른 의미로 급변하기도 한다.

세월이 흐를수록 전문분야는 점점 더 좁은 영역에서 고도화되기 마련이라 괴담과 신중함을 판별하는 데 개개인의 NIV 노력만으로는 한계가 있을 수밖에 없다. 그럼에도 여전히 NIV의 정신을 포기할 수는 없다. 그나마 한 가지 위안이 될 만한 점도 있다. 정보통신기술의 혁명 덕분에 요즘 우리는 안방에 앉아서도 전 세계의 수없이 많은 유용한 정보를 얻을 수 있다. 이미 미국 스탠퍼드대학교나 하버드대학교의 명강의들을 국내에서 누구라도 들을 수 있다. 요즘 젊은이들은 유튜브로 검색하고 유튜브에서 전문지식을 얻는다. 코로나 팬데믹 이후로는 이런 경향이 훨씬 더 가속하고 있다. 아직 만족스럽지는 못하지만 인공지능기술을 도입한 번역기 덕분에 언어의 장벽도 많이 낮아졌다. 여기에 SNS로 촘촘하게 얽인 네트워크를 따라 그 속에서 일어나는 일은 실시간으로 전 세계에 퍼져 나간다. 이처럼 시간적·공간적 분리와 언어라는 장벽이 낮아지면서 고급 정보에 대한 접근권이 놀라우리만치 향상된 결과(물론 정보 소유자의 공유 정신도 한몫을 했다), 통상적인 전문가의 울타리가 조금씩 허물어지기 시작했다. 가장 대표적인 분야는 언론이다. 요즘은 기사가 올라오기 무섭게 수많은 사람들이 여러 각도로 팩트 체크에 들어간다. 뿐만 아니라 수많은 아마추어들이 각자의 '기사'를 SNS 등을 통해 쏟아 내고 거기서 걸러지고 지지받는 콘텐츠는 기성 언론의 생산물보다 더 많이 유통된다. 기자들의 권위나 위세가 예전 같지 않은 근본적인 이유도 이 때문이다. 누구나 유튜브로 요리를 따라 하고 운동 방법을 익히고 전문 과학 지식을 배운다. 덕분에 예전보다 NIV 하기가 너무나 좋아졌다. 고급 지식에 대한 접근권이 높아졌고, 나와 비슷한 목적을 가진 수많은 사람들이 서로서로에게 도움을 주고 있다.

그러나 아무리 시공간의 제약과 언어의 장벽이 엷어지더라도 콘텐츠 자체에 대한 접근이 허용되지 않으면 무용지물이다. 따라서 각 분야 전문가들 또는 전문가 단체들이 양질의 콘텐츠를 얼마나 다양한 관점에서 생산하고 공유하느냐가 일차적인 관건이다. 전문가들 또한 자신이 콘텐츠를 생산하고 유통하면서 피드백을 받는 과정 속에서 자신의 전문성을 더욱 높일 수 있다. 전문가들이 사회적 책임을 다하는 첫걸음은 자신의 전문분야 내용을 사회와 함께 나누는 것이다. 같은 분야 전문가라고 해서 똑같은 의견만 내지는 않을 것이다. 다양한 관점에서 다양한 근거로 다양한 주장이 쏟아져 나온다면 그것은 축복이다. 그만큼

정책 담당자나 언론이나 일반 여론의 입장에서도 판단의 근거가 많아지기 때문이다. 판단의 근거가 많을 때의 이점은 최선의 선택을 할 가능성이 높아지는 것이라기보다 최악의 선택을 피할 가능성이 높아진다는 점이다. 과학기술이 일상생활에 너무나 깊숙이 파고든 지금은 한 번의 치명적인 오류가 불특정 다수에게 돌이킬 수 없는 피해를 입힐 수 있다. 일본의 후쿠시마 원전 사고나 우리의 가습기 살균제 사건이 대표적인 사례이다.

한 분야의 전문가라도 다른 분야에는 흔히 하는 말로 '옆집 아저씨'만큼이나 전혀 모르는 일반인일 뿐이다. 절대 다수의 우리는 정책 결정권자나 전문가가 아니다. 그럼에도 우리는 각자 또는 집단적인 NIV로 여론을 만들 수 있다.

4. 초협력

과학으로부터 배워야 할, 과학이 작동하는 또 다른 원리는 '초협력'이다. '과학' 하면 가장 먼저 떠오르는 이미지는 뉴턴이나 아인슈타인 같은 슈퍼스타급 세기의 천재가 홀연히 우주의 비밀을 알아내는 모습이다. 이런 이미지는 발언의 전후 맥락을 다 무시하고 극히 일부만 떼어 낸 것과 비슷하다. 사람들은 극적인 스토리를 좋아하고 잘 기억한다. 유구한 역사의 어느 한 순간만 단면으로 잘라서 본다면 뉴턴과 아인슈타인만 눈에 들어오겠지만, 과학의 힘은 결국 축적된 정보의 힘이다. 정보가 축적되지 않는다면 후대 사람들은 선대의 시행착오를 계속 답습할 수밖에 없을 것이다. 정보의 축적은 수많은 사람들이 시간과 공간을 초월해 협력해야 가능하다. 이 과정에서 일종의 집단지성이 작동한다. 즉, 과학은 수많은 사람들의 초협력이 빚어낸 집단지성이다. 뉴턴이 말했던 '거인의 어깨'는 물론 그의 겸손함이 배어 있는 말이지만 과학의 긴 역사를 돌아봤을 때 그 말 자체가 진실로서, 시공간을 초월한 초협력을 지칭한다.

뉴턴이 만유인력의 법칙을 발견할 수 있었던 것은 앞선 세대의 케플러가 자신의 행성법칙을 발견한 공이 컸고, 케플러의 행성법칙은 그의 스승이었던 브라헤가 남긴 최고 수준의 방대한 천문 관측 자료 덕분이었다. 또한 케플러와 동시대를 살았던 갈릴레오는 17세기까지 무려 2천여 년을 지배해 왔던 아리스토텔레스의 운동관을 깨부수고 관성의 법칙을 발견했으며 자유낙하 운동이 시간에 따라 속도가 일정하게 증가하는 등가속운동이며 이동 거리가 시간의 제곱에 비례한다는 정량적인 기술까지 제시했다. 관성의 법칙은 뉴턴의 제1운동법칙으로 이어졌다. 브라헤에서 케플러와 갈릴레오를 거쳐 뉴턴까지, 또는 그보다 훨씬 이전의 코페르니쿠스부터 놓고 보자면 이들은 모두 서로 다른 시간(케플러와 갈릴레오를 제외하고)과 공간에서 살았다. 그럼에도 이들은 그 제약을 뛰어넘어 일종의 협력을 이뤄 낸 셈이다.

아인슈타인도 예외가 아니다. 흔히 상대성이론은 특수·일반 모두 아인슈타인 혼자서 모든 걸 다 만든 이론이라고들 말한다. 20세기 초반의 특정 시점을 놓고 보면 전혀 틀린 말은 아니다. 어쨌든 1905년의 특수상대성이론과 1915년의 일반상대성이론 논문의 저자는 아인슈타인 단독이다. 그러나 시야를 조금 넓혀 보면 다른 사람들도 눈에 들어오기 시작한다. 아인슈타인이 특수상대성이론의 아이디어를 구체화할 수 있었던 것은 19세기에 제임스 맥스웰이 고전전자기학을 완성한 덕분이었다. 1905년 발표한 특수상대성이론의 논문 제목 자체가 'Zur Elektrodynamik bewegter Körper(On the electrodynamics of moving bodies)'로서 기본적으로 전자기학에 관한 이야기이다. 우연이 겠으나, 맥스웰이 사망한 1879년은 아인슈타인이 태어난 해이기도 하다. 1887년에는 미국의 마이컬슨과 몰리가 당시 전자기파의 매개물로서의 에테르를 검출하는 실험을 수행했다. 아인슈타인 본인은 이 실험이 상대성이론에 큰 영향을 주지는 않았다고 했으나 실험 결과 자체는 특수상대성이론의 가정 중 하나인 광속불변을 강력하게 지지하는 내용이었다. 또한 대학생 아인슈타인에게 수학을 못한다고 핀잔을 줬던 수학자 민코프스키는 상대성이론을 수학적으로 세련되게 기술하는 방법을 제시했다. 한편 그보다 10년 뒤에 완성한 일반상대성이론은 아인슈타인의 중력이론으로서, 중력의 본질이 시공간의 곡률임을 주 내용으로 하고 있다. 시공간의 곡률을 수학적으로 표현하는 데에는 19세기 중에 발전한 비유클리드 기하학의 성과가 있었다.

20세기 들어서면서 과학에서의 초협력은 보다 직접적인 방식으로 본격화되었다. 20세기 과학의 중요한 특징 중 하나는 대형화이다. 장비가 점점 더 커지고 사람들이 많아지고 비용도 늘어난다. 물론 모든 과학 분야가 그렇다는 말은 아니다. 사실 대부분의 연구진은 아직도 10명 내외의 인원으로 데스크톱이나 기껏해야 강의실 하나 정도의 설비에서도 훌륭한 연구를 수행하고 있다. 나 같은 이론물리학자들은 훨씬 더 홀가분하게 연구를 수행한다. 다만 이전에 없던 주목할 만한 새로운 현상으로 과학의 대규모화, 이른바 '빅 사이언스big science'의 등장이 있다. 빅 사이언스가 필요한 이유는 더 이상 소규모 연구로는 한 발 앞으로 나가기 힘든 영역들이 존재하기 때문이다. 새로운 돌파구를 만들기 위해서는 몸집을 키워야 한다.

본격적인 빅 사이언스의 시작은 아무래도 '맨해튼 프로젝트'라고 봐야 할 것이다. 맨해튼 프로젝트(1942~46년)는 2차 세계대전 당시 핵무기를 만들기 위한 미국의 무기개발계획이었다. 맨해튼 프로젝트에는 당대 최고의 물리학자들과 미국 유수의 대학들이 대거 참여했다. 프로젝트에 참여한 과학자만 수백 명, 총 인원은 13만 명에 이른다. 투입된 자금만 당시 기준으로 20억 달러로 현재 가치로 환산하면 무려 230억 달러(한화 약 25조 원)에 달한다. 미국으로서도 국가적인 차원에서 전력을 다한 프로젝트였다고 할 수 있다. 이와 관련해 한 가지 유명한 일화가 있다. 핵무기를 만들기 위해서는 우라늄235를 농축하거나 플루토늄239를 추출해야 한다. 천연우라늄에는 우라늄238이 99.3%이고 나머지 0.7%가 우라늄235이다. 핵무기를 만들려면 고농도의 우라늄235가 필요하다. 우라늄235를 농축하는 방법 중 하나가 전자기 분리법이다. 전기를 띤 입자가 자기장 속에서 운동할 때 휘어지는 성질을 이용해 우라늄235와 우라늄 238의 미세한 질량 차이만큼 회전 반경이 달라진다는 사실을 활용한 방법이다. 맨해튼 프로젝트에서는 테네시주 오크리지에 아예 Y-12라는 공장을 차려서 대규모로 우라늄을 농축했다. 자기장을 만들려면 전자석이 필요하고 전자석을 만들려면 구리선이 필요하다. 불행히도 당시에는 한참 전쟁 중이라 구리를 쉽게 구할 수가 없었다. 구리를 대신해 전자석을 만들 물질로 고른 것이 은이었다. 미 재무성이 은화를 찍기 위해 보유하고 있던 은을 1만 4천여 톤(당시 시세로 10억 달러 이상) 빌려 와서 전자석을 만들었다. 그렇게 농축한 우라늄으로 만든 핵무기가 1945년 8월 6일 히로시마에 떨어졌다. 전쟁이 끝난 뒤엔 모든 은을 회수해 재무성에 돌려줬다고 한다.[9]

전쟁이라는 비상 상황, 나치독일보다 핵무기를 더 빨리 개발해야 한다는 중압감이 비정상적인 추진력으로 작용했겠지만 맨해튼 프로젝트의 성공은 빅 사이언스와 초협력의 위력을 (좋은 쪽으로든 나쁜 쪽으로든) 유감없이 보여 줬다. 다양한 배경을 가진 당대 최고의 과학자들이 일사분란하게 협력해 전에 없던 완전히 새로운 영역을 창의적으로 개척한 것이 인상적이다. 프로젝트의 과학 분야 책임자였던 오펜하이머는 중성자별과 중력 붕괴를 연구하던 이론물리학자였다. 또한 초협력의 범위가 과학

---

9   리처드 로즈, 『원자 폭탄 만들기』, 문신행 옮김, 사이언스북스(2003).

자들뿐만 아니라 공학자, 군, 재무성, 수많은 민간인 등 분야를 막론하고 전 국가적인 차원까지 확대되었다.

이후 20세기 내내 초협력은 한 국가 단위를 넘어 여러 국가를 아우르는 전 지구적인 수준으로 확대되었다. 아마도 냉전이 한창일 때에는 각 진영에 속한 나라들 사이의 결속이 중요했기 때문일지도 모르겠다. 이념적인 대립과는 직접적인 관계가 없어 보이는 과학 분야를 살펴보자면 유럽입자물리연구소CERN가 대표적이다. CERN은 1954년 서유럽 12개국이 함께 창립했으며 현재 회원국이 23개국에 달한다. CERN은 20세기 물리학의 최전선을 개척한 연구소라 할 만하다. CERN이 현재 보유하고 있는 대형강입자충돌기LHC는 인류 역사상 가장 거대한 과학설비이다. LHC는 지난 2012년 입자물리학의 표준모형에서 마지막 퍼즐 조각으로 남아 있던 힉스 입자를 발견했다. 생물학 분야에서는 인간유전체의 염기서열을 분석하기 위한 인간유전체프로젝트Human Genome Project, HGP가 대표적인 빅 사이언스였다. HGP에는 미국, 영국 등 6개국의 20여 개 연구기관이 참여했다.

환경이나 기후 문제에 대처하기 위해서는 전 지구적인 협력이 필수적이다. 가장 성공적인 국제협약은 1987년 체결된 몬트리올 의정서로, 오존층을 파괴하는 원인 물질(염화불화탄소 등)을 국제사회가 감축하도록 규제한 협약이다. 협약 비준 국가가 198개국에 달하며 유엔의 모든 회원국이 비준한 유일한 협약이다.[10] 과학자들의 연구에 따르면 몬트리올 의정서 덕분에 남극 상공의

오존층 구멍이 파괴적인 수준으로 더 커지지 않을 수 있었다.[11]

한편 20세기 말 인터넷의 등장과 함께 촉발된 정보혁명은 시공간의 제약을 크게 줄임으로써 글로벌 초협력을 더욱 강화하게 되었다. 초협력을 통한 집단지성의 발현이 21세기에 특히 중요한 이유는 4차 산업혁명의 핵심 개념인 초연결성과 그 철학을 공유하기 때문이다. 초연결성이란 인간과 사물을 하나로 연결하겠다는 발상이다. 사물인터넷이나 블록체인 등이 초연결성의 대표적인 사례 기술이다. 즉, 초협력의 정신이 디지털로 구현돼 사물에까지 확대된 기술이 초연결성이라고 할 수 있다. 이는 마치 앞서 소개했던 NIV가 초지능성의 정신인 것과 같다. 그러니까 우리가 흔히 4차 산업혁명의 키워드로 꼽는 초지능성과 초연결성을 원초적인 수준에서 파악하자면 과학이 가장 성공적인 지식 창출의 플랫폼으로서 작동하게 만든 원리들(NIV, 초협력)과 맞닿아 있다. 따라서 초연결성을 말할 때에도 사물인터넷이나 블록체인이라는 특정 기술에만 눈을 돌리기 전에, 그 기술을 통해 우리가 실현하고자 하는 철학과 가치가 무엇인지부

10   UN Environment Programme, 「About Montreal Protocol」, https://www.unep.org/ozonaction/who-we-are/about-montreal-protocol

11   Sophie Godin-Beekmann, Paul A. Newman, Irina Petropavlovskikh, 「30th anniversary of the Montreal Protocol: From the safeguard of the ozone layer to the protection of the Earth's climate」, Comptes Rendus Geoscience, Volume 350, Issue 7, 2018, Pages 331-333, https://doi.org/10.1016/j.crte.2018.11.001

터 고민해야 한다. 초협력의 원동력은 분권화된 네트워크의 힘
이다. 수직적인 명령체계와는 전혀 다르다. 그런 면에서 민주적
이다. 과학자들은 태생적으로 수직적인 상명하복보다 수평적인
논쟁을 좋아한다. 분권적인 네트워킹을 원한다. CERN에서 멀
리 떨어진 과학자들을 하나로 연결하기 위해 월드와이드웹www
을 개발한 것은 우연이 아니다. 오펜하이머가 성공적으로 맨해
튼 프로젝트를 이끌 수 있었던 것은 그가 과학자로서 과학자들
의 이런 특성을 잘 보호하고 지켰기 때문이다. 수직적인 명령
체계에 익숙한 조직에서 과연 사물인터넷이나 블록체인이라는
개념이 나올 수 있을까? 전혀 없지는 않겠지만 그 확률은 극히
희박할 것이다. 사물에 지능을 넣기 전에 사람의 지능을 작동시
켜야 하듯, 사물을 하나로 묶기 전에 사람을 수평적으로 묶을
생각부터 해야 한다.

5. 국경을 뛰어넘은 초협력과 공유 정신,
빅사이언스를 이루다

빅 사이언스의 경향을 가장 극적으로 보여 주는 과학기구는 망원경과 입자가속기이다. 묘하게도 망원경은 과학의 가장 큰 관찰 대상인 우주를 상대하고, 입자가속기는 과학의 가장 작은 관찰 대상인 소립자 세계를 탐색한다. 입자가속기는 말하자면 미시세계를 들여다보는 망원경과도 같다.

망원경으로 밤하늘을 처음 관측한(과학적으로 유의미한) 것은 1609년의 갈릴레오로, 네덜란드에서 망원경이 최초로 만들어진 직후였다. 갈릴레오의 초기 망원경은 대물렌즈 크기가 약 3.7cm 정도였다. 한참 뒤인 1781년 독일 출신의 천문학자 윌리엄 허셜이 천왕성을 발견한 망원경은 구경 16cm였다. 허셜은 이후 구경 1.2m짜리 망원경을 만들었다. 20세기 초반에 가장 유명한 망원경은 미국 로스앤젤레스의 윌슨산 천문대에 설치된 후커 망원경으로 반사경이 2.5m(100인치)였다. 20세기의 가장 위대한 천문학자인 에드윈 허블은 이 망원경으로 1923년 안드로메다의 변광성을 촬영해 안드로메다가 우리 은하 밖의 독립적인 은하임을 밝혔고, 1929년에는 허블의 법칙을 발견해 우주가 팽창하고 있음을 밝혔다. 후커 망원경은 1949년까지 세계 최대 망원경이었다. 현재 지상에서 운용 중인 가장 큰 망원경은 하와이 마우나케아산에 있는 켁Keck 망원경으로 반사경이 10m이다. 유럽은 현재 칠레 아타카마 사막에 반사경 39.3m짜리 망원경을 만들고 있다.

한편 지상에서 관측하는 한계를 극복하기 위해 우주 공간으로도 망원경을 올렸는데, 1990년 발사된 허블우주망원경이 대표적이다. 허블우주망원경은 지구 상공 610km의 지구 궤도를 돌고 있고, 그 반사경은 2.4m로, 건설 유지비로만 10조 원 이상 투입되었다. 그래도 허블우주망원경은 고해상도 영상을 150만 장 이상 촬영했고 관련된 논문만 1만 7천여 편 나오는 등 인류가 우주를 관측하고 이해하는 데에 크게 기여했다. 허블우주망원경은 아직도 작동 중이다. 미국 내 39개 대학과 7개의 국제기관이 운용에 참여하고 있다.

지금까지 소개한 망원경 말고도 전파 수신에 특화된 전파망원경도 있다. 가장 유명한 전파망원경은 푸에르토리코에 위치한 아레시보 전파망원경이다. 1963년에 건설된 이 망원경은 반사경의 크기가 305m로 2016년까지 세계 최대의 전파망원경이었다. 1974년 미국의 러셀 헐스와 조세프 테일러가 아레시보 망원경으로 쌍성 펄서pulsar(고도로 자화된 채로 아주 빨리 회전하며 전자기파를 방출하는 밀집성)를 발견해 1993년 노벨상을 수상했고, 1990년 폴란드의 알렉산더 볼시찬은 펄서 주변에서 처음으로 행성을 발견했다. 이는 태양계 바깥에서 발견한 최초의 행성이었다. 아레시보 망원경은 305m 반사경 주변에 세 개의 기둥이 있고 여기에 철제 케이블을 매달아 반사경 위쪽에 계기 플랫폼을 지탱하고 있는 구조이다. 지난 2020년 12월에 이 케이블이 끊어지면서 플랫폼이 추락해 그 생을 마감하게 되었다. 현존하는 최대 크기의 전파망원경은 중국 구이저우성 첸난주에 있는 지름 500m짜리 톈옌Tianyan 망원경이다.

　그러나 전파망원경 한 대만으로 커버하는 영역은 겨우 300m, 500m에 불과하다. 이 한계를 극복할 수는 없을까? 가령, 지구에서 아주 멀리 있는 두 지점을 구분할 수 있으려면 각도분해능이 좋아야 하는데 때로는 전파망원경의 크기가 지구 정도로 커야 한다. 그렇다고 지구 크기의 전파망원경을 만들 수는 없는 노릇이다. 똑똑한 과학자들은 기발한 아이디어를 냈다. 지구상에 흩어져 있는 여러 대의 전파망원경을 네트워크로 연결해서 하나의 전파망원경처럼 이용하는 것이다! 이렇게 되면 지구 정도 크기의 가상의 전파망원경을 만들 수 있다. 이 기술을 이용해 천문학자들은 지난 2019년, 지구로부터 5천 5백만 광년 떨어져 있는 초대형 블랙홀의 그림자를 관측할 수 있었다. 이 망원경의 이름은 EHTEvent Horizon Telescope로 그 분해능이 서울에서 뉴욕 카페에 있는 뉴욕타임스 신문의 글자를 읽을 수 있을 정도이다.

　이런 엄청난 일이 가능했던 것은 당연히 8개의 전파망원경을 하나로 연결했기 때문이다. 즉, 전 지구적인 규모의 초협력 덕분이다. EHT에는 전 세계 63개 연구기관에서 210여 명의 과학자들이 참여하고 있다. EHT의 사례만 보더라도 빅 사이언스가 등장할 수밖에 없는 이유를 알 수 있다. 이제는 하나의 실험실 정도 규모에서 감당할 수 없는 영역이 자꾸 생겨나고 있다. 달리 말하자면, 그렇게 작은 규모로 알아낼 수 있는 것은 상당히 많이 알아내기도 했다. 여기서 한 발 더 나아간다는 것은 인간 지성의 경계를 넘어 한 발 더 내딛는 모험이다. 그러기 위해서는 과학연구의 규모가 커져야 한다.

　이처럼 우주적인 상황에 맞서기 위해 글로벌 초협력을 벌이는 것은 영화 「어벤져스」에서나 나오는 얘기가 아니다. 21세기의 또 하나 극적인 사례를 들자면 GW170817을 들 수 있다. 이는 2017년 8월 17일 관측한 중력파Gravitational Wave, GW 사건이다. 미국의 중력파 검출 설비인 LIGOLaser Interferometer Gravitational wave Observatory는 지난 2015년 사상 최초로 중력파를 검출했다. 두 개의 블랙홀이 병합되는 과정에서 방출되는 중력파였다. 이후로도 비슷한 현상을 계속 관측했는데 GW170817은 블랙홀이 아니라 두 개의 중성자별이 병합하는 과정에서 나오는 중력파였다. 재미있게도 중성자별이 병합할 때에는 중력파뿐만 아니라 과학자들에게 익숙한 각종 전자기파도 함께 방출된다. 중력파를 검출하기는 대단히 어렵지만 감마선, 엑스선, 가시광선, 자외선, 라디오파 등 다양한 파장의 전자기파를 감지할 수 있는 장비는 이미 많이 가지고 있다. 그래서 GW170817이 중성자별 병합 현상으로 추정되자 이 소식이 다른 천문학자들에게 급속히 공유되었다. 그 결과 7개 대륙, 70개 관측소, 900여 개 연구기관, 4천여 명의 천문학자들이 GW170817의 신호를 관측하기 위해 몰려들었다. 이 숫자는 전 세계 천문학자의 약 1/3에 해당한다. 공식적으로 관측 결과를 발표했던 날 「네이처」지에 6편, 「사이언스」지에 8편 등 수십 편의 논문이 함께 공개되었고 예비 논문만 100여 편 발표되었다. 과학자들의 국경을 뛰어넘는 초협력과 공유의 정신이 없었다면 불가능한 일이었다.

또 다른 사례는 미시세계를 들여다보는 망원경인 입자가속기이다. 입자가속기란 주로 양성자나 전자처럼 전기를 띤 입자를 아주 높은 에너지로 가속하는 장치이다. 크게 선형가속기와 원형가속기로 나뉜다. 이렇게 가속된 입자들을 서로 충돌시키거나 고정된 표적에 쏘아 어떤 일이 벌어지는지를 연구하게 된다. 1930년 무렵 미국의 어니스트 로런스가 발명한 사이클로트론은 전기장과 자기장을 이용해 대전 입자를 가속했는데, 초기에는 그 크기가 25cm에 에너지는 1MeV였다. MeV는 메가전자볼트Mega electron Volt의 약자로, 1볼트의 전압 속에 있는 전자 하나가 갖는 퍼텐셜 에너지인 1전자볼트eV의 백만 배Mega이다. 사이클로트론의 크기와 에너지는 점점 커져서 4.67m-730MeV, 17.1m-500MeV짜리도 등장했다. 1955년 반양성자anti-proton를 발견한 미국 버클리대학교의 베바트론Bevatron은 직경 41m에 양성자 빔을 6.3GeV까지 가속했다. GeV는 Giga eV로서 MeV의 천 배이다. 1995년 톱쿼크top quark를 발견한 미국 페르미연구소의 테바트론Tevatron은 둘레 6.3km의 입자가속기로, 양성자와 반양성자를 1.96TeV의 에너지로 충돌시킨다. TeV는 Tera eV이고 1TeV=1000GeV이다. 현존하는 최대 규모의 입자가속기는 앞서 소개한 유럽 CERN 소재 대형강입자충돌기Large Hadron Collider, LHC로, 그 둘레가 27km, 양성자-양성자 충돌 에너지는 13TeV에 달한다. 80년대에 미국에서 추진했던 초전도초대형충돌기Superconducting Super Collider, SSC는 둘레 87km에 빔 충돌 에너지가 40TeV로 설계되었으나 1993년 최종적으로 계획이 취소되었다. 현재 과학자들은 둘레 수십~100km(또는 그 이상)짜리 입자가속기를 꿈꾸고 있다.

이렇게 가속기의 크기가 커지는 이유는 큰 에너지를 얻기 위해서이다. 미시세계를 들여다볼 때에는 에너지가 클수록 해상도가 커져 더 미세한 세계를 볼 수 있다. 규모가 커지면 사람도 많이 필요하고 돈도 많이 소요된다. 그러나 그만큼의 가치는 있다. LHC는 지난 2012년 입자물리학에서 대단히 중요한 역할을 하는 힉스 입자를 발견했다. 그 존재 예측으로부터 약 반세기가 걸린 발견이었다. 이로써 21세기 현재 자연을 기술하는 가장 기본적인 체계인 입자물리학의 표준모형이 실험적으로 완성됐다. 최초 제안자였던 영국의 피터 힉스와 벨기에의 프랑수아 앙글레르는 이듬해에 노벨상을 받았다.

LHC에는 ATLAS와 CMS라는 두 개의 입자검출기가 있고 각 검출기마다 독립적인 연구진이 붙어 있다. 그 숫자가 무려 3천 또는 3천 8백여 명에 달한다. 2012년 두 연구진은 힉스 입자를 발견한 29쪽짜리 논문과 32쪽짜리 논문을 각각 발표했다. 연달아 실린 이들 논문에는 저자와 소속기관이 논문의 제일 뒤에 수록돼 있다. 저자 수가 너무나 많기 때문이다. ATLAS 논문의 경우 저자 및 소속기관에 할애된 양이 13쪽, CMS는 17쪽에 달한다. CMS 논문의 절반 이상을 저자와 소속기관이 차지한 셈이다. 한국의 과학자들도 CMS 논문에 이름을 올렸다. 2008년에 가동을 시작한 LHC는 21세기 빅 사이언스의 대표적인 사례이다.

6. 소통과 협력의 리더십

앞서 봤듯이 20~21세기의 초협력은 한 국가 단위를 넘어 전 지구적인 규모로도 진행되었다. ATLAS와 CMS의 방대한 연구진 숫자를 보면 어떤 생각이 드는가? 3천 명이 넘는 사람들이 모여서 하나의 연구진을 구성한다면, 그 속에서는 '나 혼자' 잘하는 것은 아무런 의미가 없다. 다 같이 잘하는 길을 찾아야 한다. 지금까지 한국이 길러 온 인재상, 한국형 천재는 나 혼자 잘하는 사람이었다. 한국의 발전 모형은 "천재 한 명이 만 명을 먹여 살린다."는 구호에도 잘 드러나 있다. 예전에 맏아들에게 한 집안의 모든 자원을 몰아준 것도 비슷하다. '맏아들' 논리가 사회 전체적으로 확대되면 '재벌우선론'으로 이어진다. 여기에 '한국인의 뛰어난 유전자'라는 담론도 추가된다. 한국인은 원래 유전적으로 똑똑하고 뛰어나기 때문에 그중에 최고의 슈퍼히어로 한두 명을 잘 키우면 결국 나라가 발전한다는 논리이다. 이를 위해 나머지 평범한 사람들은 다소간의 손해도 감수해야 한다. 그래야 이른바 낙수효과로 천재들이 벌어들인 떡고물을 얻어먹을 수 있다. 그나마 그 천재라는 것도 암기와 받아쓰기만 잘하는 한국형 천재가 아니었던가. 한국이 '헬조선'이라는 오명을 갖게 된 것은 바로 옆에 있는 동료들보다 1점이라도 더 받아서 주변 사람들을 꼭 이겨야 살아남는 약육강식의 사회이기 때문이다. 즉, 한국에서의 성공 방정식은 '나 혼자 살아남기'이다. 그렇게 살아남은 사람이 한국형 천재이다.

냉정하게 판단해 보자. 그렇게 치열한 경쟁에서 뽑힌 한국형 슈퍼히어로 10명과 3천 명이 초협력을 이루는 연구진이 붙으면 누가 이길까? 답은 너무 뻔하다. 아마도 그 10명의 한국형 슈퍼히어로는 서로 협력하지도 못할 것이다. 그런 걸 배운 적이 없으니까. 그러나 3천 명의 초협력은 집단지성을 만들어 낸다. 이건 당해 낼 재간이 없다. 모든 물건을 연결하겠다는 4차 산업혁명의 초연결성은 이미 20세기 정보혁명과 21세기 모바일혁명으로 인간들 사이에서 구현되고 있다.

초연결성이 한국 사회에 던지는 메시지는 분명하다.

"혼자 잘하던 시대는 끝났다."

지금은 다 같이 잘하는 시대, 다 같이 잘해야 하는 시대이다. 아직도 혼자만 잘하면 된다는 철학을 후대에 가르친다면 우리는 결국 지는 게임을 할 수밖에 없다. 아무리 뛰어난 슈퍼히어로라도 (영화 속의 슈퍼맨이나 엑스맨이 아닌 이상) 3천 명이 하는 일을 혼자서 다 할 수는 없다. 지구 크기의 전파망원경을 만들거나 운용할 수도 없다. 지금은 그런 시대가 아니다.

다 같이 잘하는 시대에 필요한 덕목은 소통, 협력, 공유, 탈중심 등의 가치이다. 한마디로 말하자면 수평적인 네트워크를 구축하고 유지하는 능력이다. 융합과 혁신은 그 속에서 일어난다. 우리의 교육이나 사회 시스템이 이런 가치를 중요하게 가르쳤는지, 이런 덕목을 갖춘 인재를 길렀는지 돌아보면 회의적이다. 대학에서 학생들을 가르치며 가장 놀랐던 사실은 학생들이 이른바 '팀플(팀 프로젝트)'을 극도로 싫어한다는 점이었다. 팀플을 싫어하는 가장 큰 이유는 팀원들 중에 꼭 무임승차하는 사람들이 있고, 자신이 아무리 열심히 해도 팀 전체에서 별로 티가나지 않기 때문이다. 한번은 대중 강연이 끝났을 때인데 한 고3학생이 찾아와서 고민을 털어놓았다. 학교에서 팀별 프로젝트로 진행하는 수행평가 때문에 너무 짜증이 난다는 얘기였다.

사실 어른들이라고 해서 다르지도 않다. 경험적으로 봤을 때과학자들도 여럿이 모여서 논문을 쓰면 꼭 노는 사람이 생긴다. 만약 5명이 논문 작업을 한다고 했을 때 어떻게 정확하게 각자에게 20%씩의 일을 배분할 수 있겠는가? 작업량이나 기여도를 n등분한다는 것은 애초에 불가능한 일이다. 그보다는 각자의 역량과 특성에 맞는 임무를 부여하고 역할을 나누는 것이 중요하다. 이를 위해서는 리더가 구성원들의 장단점, 성격, 현재의 역량 수준 등을 잘 파악하고 있어야 한다. 그래야만 구성원들이 프로젝트를 수행하면서 자기 능력의 100% 이상을 발휘할 수 있다.

기계적인 공평함의 문제는 다른 식으로 완화할 수 있다. 어떤 프로젝트에서는 홍길동이 10%밖에 기여를 못할 수도 있다. 다른 누군가는 30% 이상의 기여를 해야 한다. 그 누군가는 불만이 생길 수도 있다. 이때 중요한 것은 긴 호흡으로 다음 기회를 기약하는 것이다. 두 번째 프로젝트에서는 홍길동이 능력을 발휘해 30% 이상의 기여를 할 수도 있다. 그렇게 충분히 오랜 시간이 지나면 공평함에 대한 불만도 많이 줄어들 것이다. 이를 위해서는 구성원들 사이의 신뢰와 배려, 그리고 오랜 시간 참고 기다릴 줄 아는 인내심도 필요하다. 이번에는 홍길동이 노는 것처럼 보이지만 다음에는 홍길동이 큰일을 할 거야, 라는 믿음이 팀 내에 형성된다면 홍길동이 한두 번 일탈한다고 해도 크게 문제 되지 않는다. 여기서도 리더의 역할이 중요하다. 구성원들 사이의 소통 통로를 확보하고 전체 프로젝트가 조화를 이루도록 구성해 일을 끌고 나가는 능력이 있어야 한다. 우리의 현실에서는 입시, 또는 학점과 취업이라는 현실 때문에 긴 호흡으로 다음 기회를 기약하거나 충분한 신뢰관계를 쌓기가 어렵다. 한국에서 중요한 가치는 소통과 조화, 협력이라기보다 '나 혼자 1등'이 아닌가.

이런 문제는 비단 학교에서만 일어나는 일이 아니다. 세계적인 대기업인 S사에 강연을 하러 간 적이 있었다. 강연을 시작하기 전에 윗분이 대기실로 찾아와서 이렇게 말했다. S사가 당시 직전 분기에 큰 수익을 내서 밖에서는 다들 좋게만 보고 있지만, 대외적으로는 다른 외국 경쟁사들도 만만치 않고 대내적으로는 각 부서별로 '사일로silo화'되는 경향 때문에 혁신이 일어나지 않는다고 토로했다. 사일로는 곡식 등을 저장하는 원기둥 모양의 대형 저장탑이다. 기업 안에서 여러 부서들이 죽 늘어선 사일로처럼 폐쇄된 상태로 자기 영역만 지키는 행태를 빗대 사일로라 한다. 많은 경영전문가들이 기업 내 사일로의 폐해를 지적한다. 세계적인 경영자였던 잭 웰치도 사일로를 극렬히 싫어했다.[12]

> "사일로는 속도를 죽인다. 사일로는 아이디어를 죽인다. 사일로는 강력한 효과를 죽인다."

부서 이기주의로도 불리는 사일로 효과는 소니Sony 몰락의 주요 원인으로 꼽히기도 한다.

팀 프로젝트의 훌륭한 리더를 꼽으라면 맨해튼 프로젝트의 과학 분야 책임자였던 오펜하이머를 뺄 수 없다. 과학자들, 특히 물리학자들은 원래 천성적으로 성격이 까다로운 데다 개성

---

12 잭 웰치, 수지 웰치, 『잭 웰치의 마지막 강의』, 강주헌 옮김, 알프레드(2015).

이 강하다. 그중에는 노벨상 수상자도 있었다. 전체 프로젝트 책임자였던 그로브스 장군은 군인이었기 때문에 프로젝트를 군대처럼 진행하려고 했다. 예컨대 그로브스는 칸막이화compart-mentalization를 선호했다. 기밀을 중시하는 군인의 기질이 그대로 드러나는 방식이다. 반면 오펜하이머는 개방화를 좋아했다. 이는 대부분의 과학자들이 선호하는 방식이다. 공유와 개방은 객관적 검증과 보편성 획득을 위한 기본 원칙이기에 과학에서 가장 중요한 덕목이라 할 수 있다. 이는 또한 초협력의 기본 전제이기도 하다. 오펜하이머가 성공할 수 있었던 것은 군인이었던 그로브스에 맞서 과학자의 특성에 맞는 개방성의 원칙을 잘 지켜 낼 수 있었기 때문이다. 또한 오펜하이머는 프로젝트 내의 모든 사안, 모든 문제를 다 알고 있었고, 무엇을 모르고 있는지까지도 잘 알고 있었다. 게다가 수많은 개성 강한 과학자들의 장단점, 과학적 능력 등을 정확히 파악해 그 사람이 자기 능력의 100% 이상을 발휘할 수 있는 역할을 부여했다. 훗날 페르미 국립가속기연구소Fermi National Accelerator Laboratory 초대 소장을 지낸 로버트 윌슨은 "그와 함께 있으면 능력이 배가되는 것 같습니다."라고 말하기도 했다.[13] 오펜하이머가 워낙 대단한 인물이기는 했지만, 어떤 조직에 문제가 있다면 일차적으로 그 리더

13　　카이 버드, 마틴 셔윈, 『아메리칸 프로메테우스』, 최형섭 옮김, 사이언스북스 (2010).

의 역량부터 점검해 보는 것이 타당하다. 리더에게는 그만큼 큰 권한이 있기 때문이다.

내가 고3 학생에게 팀 프로젝트에 대한 하소연을 들었을 때, 순간적으로 머릿속에 수많은 생각들이 스쳐 지나갔다. 나의 이야기들이 너무 교과서적이고 이상적이었던 반면 학생의 고민은 대단히 구체적이고 현실적이었다. 내가 할 수 있는 답변은 일단 정해진 규칙을 잘 따라서 1점이라도 더 받을 수 있도록 노력하라는 말뿐이었다. 다만, 지금 우리가 따르고 있는 규칙이 이 세상을 움직이는 모든 규칙은 아니다. 더 큰 세상에는 전혀 다른 규칙이 작동하고 있음을 알고 있는 것만으로도 의미 있다. 비록 지금은 어쩔 수 없이 그리 유쾌하지 못한 지침을 따라야 하겠지만 다른 규칙과 원리의 존재를 아는 것만으로도 나중에 자기 인생과 세상을 바꿀 여지가 생긴다. 무엇보다 소통과 협력의 리더십을 키워라. 그래야 융합형 리더가 될 수 있다. 지금은 손해 보는 것 같지만 결국엔 그게 가장 크게 남는 장사다, 라는 말을 덧붙였다.

초협력이 가능하려면 최소한의 공유가 보장돼야 한다. 공유는 많은 과학자들이 소중하게 여기는 가치이다. 큰 틀에서 봤을 때 원칙적으로 지식 공유야말로 과학 발전의 원동력이기 때문이다. 따라서 꼭 필요한 경우를 제외하고는 공유를 가로막는 장벽을 극히 싫어한다. 대표적인 예가 학술지들의 이른바 '논문 장사'이다. 많은 학술지들이 경영 등의 이유로 유료로 논문을 공개한다. 대학이나 연구소 등의 기관은 해마다 막대한 결제액을 지불한다.[14] 논문의 저자들은 자기가 쓴 논문을 보기 위해서도 직간접적으로 돈을 지불하는 상황이다. 최근 이에 대한 과학자들의 반발과 저항이 학계에 큰 호응을 얻고 있다. 요즘은 점점 열린 접근open access 정책이 확대되고 있어 비용 없이 볼 수 있는 논문이 늘어나고 있다. 다른 저작물도 아니고 학술 논문의 공유가 자유롭지 못하다면 근본적으로 학문의 발전에 큰 걸림돌로 작용할 것이 분명하다. 돈의 원리가 최상위에서 작동하지 않는 세계가 분명 존재한다.

이와 비슷한 사례가 리눅스linux라는 운영체제이다. 리눅스는 오픈 소스 개념으로 개발된 컴퓨터 운영체제이다. 마이크로소프트사의 윈도우즈 같은 운영체제와는 유통되는 방식이 다르다. 언뜻 생각하면 자본주의 사회에서 돈의 원리가 작동하지 않는 리눅스 체제는 망하거나 발전이 더딜 것 같지만 사실은 그렇지 않다. 수많은 개발자들이 초협력을 통해 집단지성을 발휘해서 가장 안정적이고 효율적인 운영체제로 자리를 잡은 지 오래다. 리눅스를 기반으로 한 스마트폰 운영체제인 구글사의 안드로이드는 오픈 소스여서 어떤 제조사든 이 운영체제를 가져다 쓸 수 있다.

---

14   이재호, 「서울대 "패키지 하나에 27억…학술지 전자구독 보이콧 할 판"」, 한겨레신문, 2021. 3. 17., https://www.hani.co.kr/arti/society/schooling/987203.html

'나 혼자 1등'을 고집하는 한국 사회에서도 '다 함께'의 움직임이 전혀 없진 않다. 앞서도 소개했던 TV 예능 프로그램 「골목식당」도 한 가지 사례이다. 「골목식당」에서 크게 화제를 불러일으켰던 어느 돈가스 집 사장님은 다른 돈가스 집 사장님들에게 자신의 비법을 기꺼이 전수한다. 비단 돈가스 집뿐만이 아니었다. 한국에서 요식업의 경쟁은 세계적으로도 가장 치열하다. 이런 상황에서 자신의 성공 비법을 전혀 모르는 남과 나눈다는 것은 언뜻 생각해도 있을 수 없는 일이다. 특히 '나혼자주의'에서는 더욱 그렇다. 그러나 적지 않은 사장님들은 '다함께주의'를 선택했다. 「골목식당」이라는 프로그램의 가장 큰 미덕은 바로 이것이다. 나 혼자 잘된다고 문제가 해결되는 것이 아니라 골목 전체가, 요식업 전체가 다 같이 사는 길을 찾아야 한다. 그것이 공유와 협력의 정신이다. 만약 이분들의 네트워크가 잘 형성돼 초협력이 작동한다면 수많은 사장님들의 집단지성으로 대한민국 음식점의 평균적인 수준이 더 올라가지 않을까?

다른 분야에서도 마찬가지이다. 1990년대 최고의 스타 배우였던 차인표는 2019년 「옹알스」로 영화감독으로 데뷔한 뒤 한 유튜브 방송에서 이렇게 말했다.[15]

"연기할 때는 마음 깊은 곳에 항상 뭔지 모를 외로움이 있었

---

15 영국남자, 「유튜브 최초 출연!! 차인표씨와 야식 먹방하다가 갑분 스쿼트 1000개!?」, 2019. 5. 8., https://www.youtube.com/watch?v=cE6R9_OJjd0

어요. 그때는 주변 사람들을 볼 때, 경쟁자나 라이벌이나, 뭔가 넘어서야 할 사람들로 봤던 것 같아요. 그런데 감독이 되니까 주변에 있는 모든 사람들이 제가 힘을 합쳐서 같이 일을 해야 하는 사람들이더라고요. 왜냐하면 감독 일은 혼자서 할 수가 없거든요. 주변 사람들과의 협업이 꼭 필요해요. 그래서 다른 사람들과 같이 살아가는 걸 배우게 됐죠."

비슷한 사례는 또 있다. 지난 2020년 영화 「기생충」으로 제92회 미국 아카데미 시상식에서 작품상 등 4개 부문을 수상한 봉준호 감독은 감독상을 받은 뒤 함께 후보에 올랐던 마틴 스코세이지 감독에게 경의를 표하면서 "이 트로피를 오스카에서 허락한다면 텍사스 전기톱으로 다섯 개로 잘라서 나누고 싶은 마음입니다."라는 소감을 밝혔다.[16] 배우 윤여정은 이듬해인 2021년 제93회 미국 아카데미 시상식에서 여우조연상을 수상하고 "우리는 각자 다른 역을 연기했고, 서로 경쟁 상대가 될 수 없다."라는 말을 남겼다.[17] 이후 국내 언론과의 인터뷰에서 '최고가 아닌 최중의 삶'을 언급해 눈길을 끌었다.[18] 봉준호와

---

16   나원정, 「아카데미 휩쓴 봉준호 "트로피 톱으로 잘라 5개 나누고싶다"」, 중앙일보, 2020. 2. 10., https://news.joins.com/article/23702116

17   신기섭, 「"쇼 훔친 윤여정의 수상소감, 오스카상 한번 더 주자"」, 한겨레신문, 2021. 4. 27., https://www.hani.co.kr/arti/international/international_general/992734.html

18   조현호, 「'최고 아닌 최중으로 살자' 윤여정 발언의 울림」, 미디어오늘, 2021. 4. 27., http://www.mediatoday.co.kr/news/articleView.html?idxno=213149

윤여정은 모두 함께 후보에 오른 사람들, 자기 주변의 사람들을, 경쟁해서 꼭 이겨야 할 상대가 아니라 함께 영화를 만들어 가는 동반자로 여기고 있음이 분명하다. 아마도 이런 태도가 이들을 세계적인 거장의 반열에 올려놓지 않았을까 싶다.

요즘 기업의 가장 중요한 화두는 ESG이다. ESG는 환경Environment, 사회적 책임Social, 지배 구조Governance의 머리글자이다. 비재무 리스크 요인, 또는 지속 가능성 지표 등으로도 불린다. 지금까지는 기업이 얼마나 많은 돈을 벌어 이윤을 남기느냐가 경영의 목표였고 기업을 평가하는 가장 중요한 잣대였다. 이제는 얼마를 벌었느냐가 아니라 '어떻게' 벌었느냐가 중요한 가치로 대두되고 있다. 기업 또는 소유주 일가만을 위한 경영이 아니라 사회와 더불어 상생하는 경영이 필요하다는 말이다. 이 또한 '나 혼자'에서 '다 함께'로 전환하는 사례 중 하나이다.

최근 글로벌 대기업들은 사용 전력의 100%를 재생 에너지로 만들겠다는 이른바 'RE100' 캠페인을 벌이고 있다.[19] 기업 활동으로 자본을 늘리는 과정에서 환경 파괴는 필요악이라는 인식에 일대 전환이 일어난 셈이다. RE100 캠페인에는 애플, BMW, 이베이, 페이스북, GM, 구글, 인텔, MS 등 전 세계 약 300개 기업이 참여하고 있다. 한국 기업으로는 SK 하이닉스, SK 텔레콤 등이 포함돼 있다. RE100은 단지 개별 기업들의 자발적인 캠

---

19   RE100, https://www.there100.org/

페인 수준을 넘어 결국에는 하나의 무역 장벽으로 작용할 가능성도 배제할 수 없다. 실제로 BMW나 애플이 RE100의 기준을 내세워 자사에 부품을 납품하는 국내 업체들을 압박하기도 했다.[20] 이런 추세는 앞으로 더욱 강화될 가능성이 높다. 이제는 친환경적인 에너지 공급망을 확보하는 것이 기업과 국가 경제의 사활에도 큰 영향을 미치는 시대가 열리는 셈이다.

'나 혼자' 경영의 가장 극적인 폐해를 꼽으라면 단연 산업 재해 사망자일 것이다. 지난 2018년 태안화력발전소에서 김용균 노동자가 사망한 사건은 온 국민을 충격에 빠뜨렸다. 이후로도 하루가 멀다 하고 노동 현장에서는 비극적인 소식들이 날아들었다. 한국에서 산업 재해로 죽는 노동자는 연간 2천여 명으로 OECD 최고 수준이다.[21] 누구나 다 알듯이 사람의 목숨보다 기업의 이익이 앞선 탓이다. 최근 중대재해기업처벌법이 제정되었으나 기업들을 처벌하기에는 여전히 구멍이 많다. 산업 재해는 ESG에서 사회적 책임의 중요한 구성 요소임이 자명하다. 어쩌면 앞으로는 지표화된 ESG의 성적표가 RE100처럼 일종의 무역 장벽으로 작용할지도 모른다. 만약 이런 예상이 현실이 된다면 아마도 국내 기업들은 생존을 위해서라도 글로벌 기준에 맞

---

20   김현우, 「신재생에너지 전력만 쓰는 RE100 "한국기업 속수무책, 수출길 막힐라"」, 한국일보, 2021. 2. 25., https://www.hankookilbo.com/News/Read/A2021022410450000209

21   e-나라지표, 「산업 재해 현황」, https://www.index.go.kr/potal/main/EachDtlPageDetail.do?idx_cd=1514

추려고 노력할 것이다. 그 자체로는 참으로 바람직한 일이지만, 우리 노동자의 인권과 생명을 지키려는 우리 자신의 제도적 노력이 힘을 못 쓰는 지금 당장의 현실과는 대조적일 것 같아서 참 씁쓸할 것만 같다. 산업 재해를 줄이려는 노력이 노동자의 인권과 생명을 위해서가 아니라 미래에 예상되는 글로벌 무역 장벽을 피하기 위해서라면 이 얼마나 서글픈 일인가.

다른 한편 김범수 카카오 회장과 김봉진 배달의민족 회장이 잇달아 재산 기부를 선언하고 나서 화제가 되었다. 지금까지 봐 왔던 재벌 총수들의 모습과는 사뭇 달라 신선한 충격으로 받아들이는 분위기이다. 물론 그 이면에 남다른 계산법이 있다는 분석도 없는 것은 아니지만, 그 본심이야 어떠한들 천문학적인 재산을 사회로 환원한다는 결심은 결코 쉬운 선택이 아니다. 기부 선언은 '다 함께' 철학을 구현하는 대표적인 행위이기 때문에 그 자체로 높이 평가받아 마땅하다. 신흥 부호의 이런 움직임이 ESG 경영과 맞물려 경제 전반에 새로운 활력이 되길 바란다.

초협력이 원활하게 진행되려면 수평적이고 분권적인 네트워크가 필수적이다. 수평과 분권은 사실 민주주의의 핵심 가치라고도 할 수 있다. 분권의 또 다른 이름은 권한 이양이다. 한국 사회는 아직도 대체로 수직적인 위계질서가 많고 그 체계에 익숙하다. 위에서 결정하고 지시하면 밑에서는 그대로 따른다. 물론 수직적인 위계질서가 유용할 때도 있다. 그러나 4차 산업혁명 시대에 초연결의 정신을 구현하려면 수평적이고 분권적인 네트워크 체제의 장점을 십분 도입해서 활용해야 한다. 그 출발점은 집중된 권한을 아래로 분산하는 것이다. 최소한의 권한이 있어야 밑에서도 적극적으로 '자기 생각'을 하게 된다. 이는 앞서 말했던 초지능성의 출발점이기도 하다. 조직의 각 영역이 스스로 생각하기를 멈춘다면 그 조직에서 혁신이 일어나기 어렵다.

이런 정신은 지금 한국 사회가 시도하고 있는 지방분권의 확대 흐름과도 맥이 닿는다. 몇 년 전 행정안전부에서 강연을 한 적이 있었다. 강연을 준비하면서 행정안전부 홈페이지를 조사해 봤더니 '전국이 골고루 잘사는 지방분권과 균형발전'이 그해 핵심 정책으로 제시돼 있었다. 세부적인 내용은 이랬다.

"중앙의 권한을 지방으로 획기적으로 이양합니다."

"지방의 자기 결정권이 확대됩니다."

내가 강연에서 하려고 했던 말이 이미 거기 다 있었다. 4차 산업혁명으로 초지능성과 초연결성을 구현한다는 것이 정부 차원에서는 지방분권과 균형발전으로 드러나는 것이다. 특정한 기술들은 이런 철학을 현실에서 구현하는 수단이다. 물론 철학이 없어도 기술은 나오겠지만, 철학과 지향점이 확실하다면 그만큼 더 완성도 높은 기술이 나올 가능성이 높다. 강연이 끝난 뒤 관계자분이 자신들의 지방분권 당위성을 중앙정부 등에 어떻게 풀어야 할지 고민이 많았는데 4차 산업혁명의 시대정신과 연결하면 더욱 설득력이 높아지겠다며 고마워했다.

시야를 조금 더 넓혀 보면 초협력은 전 지구적인 문제를 해결하기 위해서도 무척 중요하다. 앞서 소개한 몬트리올 의정서가 좋은 사례이다. 몬트리올 의정서는 전 지구적인 문제를 해결하기 위한 가장 성공적인 사례로 꼽힌다. 21세기의 현안인 기후 위기를 해결하기 위한 파리협약이 성공하기 위해서는 몬트리올 의정서의 교훈을 배울 필요가 있다. 트럼프 시절의 미국은 'America First'를 외치며 나 혼자만 잘살겠다고 협약을 탈퇴해 대다수 국가들과 미국 내 수많은 시민들, 과학자들의 지탄을 받았다. 2020년 본격화된 코로나19 팬데믹도 마찬가지이다. 나 혼자 살겠다고 특정 국가 몇몇이 국경을 봉쇄하거나 백신을 독점한다고 해서 해결될 문제가 아니다. 바이러스를 퇴치하거나 적어도 심각하지 않은 수준으로 상존하려면 초국적인 협력이 절실히 필요하다.

21세기를 더 오래 살아갈 후세대들에게 소통과 조화, 공유와 협력의 리더십을 가르쳐야 한다. 그것이 향후 우리의 가장 큰 국가 경쟁력이 될 것이다. 그 스케일 또한 자기가 사는 도시나 한반도를 넘어 전 지구적으로 확대돼야 한다. 적어도 지금 우리 인류 전체가 어떤 문제에 직면해 있고 어떤 자원을 어디서 동원할 수 있는지 그 정도의 시야를 가지게 해야 한다. 이를 바탕으로 초협력의 경험을 많이 할 수 있는 기회를 자꾸 만들어야 한다. 서로 다른 인종과 언어와 문화와 역사들이 뒤섞인 속에서 소통과 협력의 리더십을 키우며 그 속에서 혁신적인 융합의 싹을 키울 수 있게 해야 한다. 21세기에 가장 중요하지만 지금 한국 교육에서 가장 빈약한 부분이 바로 이것이다. 그래야 한국에서도 툰베리 같은 인물이 나올 수 있다.

21세기,

일상으로서의

뉴노멀을
준비할 때

1. 최종이론의 꿈

19세기는 과학이 다양한 분야에서 풍성한 성과를 이룬 세기였다. 근대과학의 기틀을 확립한 물리학은 19세기에 성숙기로 접어들었다. 뉴턴역학은 프랑스를 중심으로 수학적으로 세련되게 재정립되었다. 전기와 자기 현상을 폭넓게 이해하게 되면서 전자기학으로 통합시켰고 열 현상은 미시적인 분자 수준에서 통계역학적으로 다루기 시작했다. 19세기 직전에 라부아지에가 근대적인 혁명을 촉발한 화학은 1869년 멘델레예프의 주기율표 작성으로 정점을 찍었다. 생물학에서는 세포설이 정립되었고 파스퇴르와 코흐를 거치며 미생물이 질병의 원인임이 밝혀졌으며 백신의 원리가 규명되었다. 그러나 19세기 전체를 통틀어 가장 위대한 성과라면 1859년 다윈의 『종의 기원』 출간이 아닐까 싶다. 자연선택을 중심으로 하는 진화론의 등장은 당대는 물론 20세기를 지나 21세기에까지 지대한 영향을 끼쳤다.

그런 탓인지 20세기를 앞둔 1890년대에는 과학계, 특히 물리학계에 일종의 완결에 대한 기대감이 있었다. 과학은 이제 할 거 다 했다는 뜻이다. 자연에 대한 기본 원리는 대충 다 파악했고 남은 일은 이를 적용해 좀 더 엄밀한 결과를 얻는 것일 뿐이라는 말이다. 당대 최고 천재들의 이런 오만함은 오래가지 못했다. 1895년 정체불명의 X선이 발견되었고 이듬해에는 방사능이 발견되었다. 20세기를 목전에 둔 1900년 12월에는 막스 플랑크가 흑체복사[1] 현상을 설명하기 위해 광양자 가설을 도입했고 1905년 앨버트 아인슈타인이 특수상대성이론을 발표했다. 현대물리학은 그렇게 20세기와 함께 시작되었다.

재미있게도 20세기가 끝날 무렵에도 19세기 말과 비슷한 기대감이 과학자들에게 있었다. 이때는 '최종이론Final Theory', 또는 '만물이론Theory of Everything, TOE'이라는 근사한 이름도 등장했다. 현존 최고의 물리학자로 손색이 없는 스티븐 와인버그[2]는 1993년 『최종이론의 꿈』이라는 책을 냈다. 이때는 미국에서 클린턴 행정부가 들어선 직후였는데 미 과학계가 80년대부터 숙

---

1 표면의 빛을 전혀 반사하지 않고 완벽하게 흡수하는 가상의 물체를 흑체(blackbody)라 한다. 흑체를 가열하면 전자기파를 방출하는데, 이를 흑체복사라 부른다. 흑체가 전자기파를 복사하는 양상을 이론적으로 규명한 플랑크 곡선은 흔히 양자역학의 출발점으로 평가받는다.

2 스티븐 와인버그는 2021년 7월 23일 88세의 나이로 세상을 떠났다.

원 사업으로 추진해 왔던 초전도초대형충돌기Superconducting Super Collider, SSC라는 입자가속기 사업이 의회에서 완전히 취소됐을 때였다. SSC는 현존 최대의 가속기보다도 훨씬 더 큰 규모로 둘레만 무려 87km에 달했다. 와인버그는 SSC의 정당성을 널리 알리기 위해 이 책을 쓰기 시작했으나 폐기되는 바람에 그 빛이 바랬다.

와인버그에게 최종이론이란 다른 무엇으로도 환원되지 않는, 그 자체로 완결적인 이론이다. 예컨대 거시적인 열 현상은 미시적인 분자들의 운동이론으로 모두 설명할 수 있다. 분자는 원자들의 결합체로, 특정 원자들이 각기의 방법으로 어떻게 결합하는가는 원자들 속의 전자들이 어떻게 분포하는가에 따라 달라진다. 이런 특성은 원자들의 정체성, 즉 어떤 원소냐에 따라 달라지는데 이는 원자핵이 몇 개의 양성자를 갖고 있느냐로 결정된다. 한편 원자핵에는 중성자도 포함돼 있는데, 양성자와 중성자는 쿼크라고 하는 기본 입자들로 구성돼 있다. 쿼크와 전자는 지금까지 우리가 알기로 우주의 삼라만상을 구성하는 가장 기본적인 단위들이다. 이들에 대한 양자역학적인 이론을 표준모형standard model이라 부른다. 따라서 열 현상은 표준모형으로 환원된다. 이처럼 과학 이론 자체에 환원주의를 적용해 보면 결국엔 우리가 궁극의 이론에 도달하게 되리라는 것이 와인버그의 기대이다. 표준모형은 아직 최종이론이 아니다. SSC라는 엄청난 기계가 우리를 최종이론으로 한 발 더 다가서게 해 줄 것이다. 사실 SSC가 건설이 완료돼 정상 가동에 들어갔다 하더라도 과학자들이 당장 최종이론을 손에 넣지는 못했을 것이다. 와인버그도 그런 기대로 책을 쓴 것은 아니었다.

표준모형은 아주 간단히 말해 쿼크와 전자(그리고 이들과 비슷한 다른 기본 입자들)에 관한 양자역학적 이론으로서 우리 우주의 근본적인 네 힘 중 전자기력, 약한 핵력, 강한 핵력을 포괄한다. 표준모형은 1960~70년대를 거치며 그 틀을 갖추었다. 2012년 LHC가 발견한 힉스 입자는 표준모형의 구성물 중에서 가장 마지막으로 발견한 입자였다. 그러니까 표준모형은 21세기에 들어서 적어도 실험적으로는 완성된 셈이다. 표준모형은 말 그대로 아직은 모형이기 때문에 다소 임의적인 요소들을 갖고 있다. 좀 넓은 의미에서는 표준모형도 입자물리학을 기술하는 하나의 성공적인 '이론'이라고 할 수 있지만 좁은 의미로 모형과 이론을 구분할 수도 있다. 이론theory은 어떤 근본적인 제1원리들로부터 모든 것을 연역적으로 풀어 낸 체계로서 하향식top-down으로 구축된다. 상대성이론은 이론의 이런 점을 아주 잘 보여 주는 사례이다. 반면 모형model은 근본 원리 없이 관측 사실들을 일단 받아들이면서 그로부터 임의적으로 상향식bottom-up으로 짜 맞춘 체계이다. 20세기 초반의 각종 원자 모형들이 대표적이다.

표준모형에는 우리가 임의로 또는 실험적으로 정해 줘야 하는 모수가 거의 20개 정도 된다. 여기에는 힉스 입자의 질량도 포함된다. 게으른 물리학자들에게 모수 셋 이상은 너무 많다. 하물며 무려 20개라니. 만약 아직 우리가 알지 못하는 궁극의 이론이 있다면 그 이론의 제1원리로부터 표준모형의 모든 모수를 유도할 수 있을 것이다.

표준모형이 최종이론이 아닌 가장 간단한 이유는 우주에 널려 있다고 믿어 의심치 않는 암흑물질의 후보가 표준모형에는 존재하지 않기 때문이다. 암흑물질이란 보통의 물질처럼 중력작용은 하지만 전자기 상호작용은 하지 않아 통상적인 방법으로는 그 존재를 확인할 수 없는 미지의 물질이다. 암흑물질이 있는 건 확실한데, 우리는 그 정체가 무엇인지 아직 모른다. 또한 우리가 일상생활에서 쉽게 느끼는 중력은 표준모형의 틀에서 기술할 수 없다. 왜냐하면 표준모형은 기본적으로 점 입자point particle에 대한 양자역학적 장론field theory인데 중력에 대해서는 아직 일관된 양자역학적인 이론(양자중력이론)을 발견하지 못했다. 그런데 1970년대에 우연히 발견한 끈에 대한 양자이론, 즉 끈이론이 중력을 자연스럽게 포함한다는 사실을 알게 되었다. 이후 다섯 가지 끈이론이 알려졌는데 1990년대 중반 이 모두를 보다 높은 차원에서 미지의 이론(M이론이라 부르는) 하나로 통합할 가능성을 발견하게 되었다. 와인버그도 끈이론을 최종이론의 유망한 후보로 꼽았다. 2000년을 목전에 둔 20세기 말에는 이른바 '뉴 밀레니엄'을 앞두고 최종이론·만물이론의 등장이 머지않았다는 기대감이 컸다.

불행히도 기대감은 얼마 지나지 않아 실망감으로 바뀌었다. 수학적으로 일관된 끈이론은 10차원의 시공간에서만 성립한다. 이로부터 우리가 살고 있는 4차원 시공간의 현실을 기술할 수 있는 경우의 수가 천문학적으로 방대(경우에 따라 대략 10^{500} 또는 $10^{272,000}$ 정도)하다는 점이 드러났다. 흔히 끈이론의 진공상태가 아주 많다고 표현하는데, 양자역학에서 진공상태란 아무것도 없는 상태가 아니라 에너지가 가장 낮은 바닥상태이다. 이로부터 물리적인 양자상태를 만들어 낼 수 있다. 그러니까 진공상태란 가능한 모든 물리적 상태의 출발점이라고 할 수 있다. 전혀 다른 진공상태에서는 전혀 다른 물리적 상태들이 발현되고 전혀 다른 물리법칙에 따라 완전히 다른 세상, 다른 우주가 펼쳐질 수 있다. 따라서 끈이론에서 가능한 진공상태가 많다는 것은 달리 말해 존재 가능한 우주가 많다는 뜻이다.

과학자들의 로망은 이 우주가 왜 이 모양 이 꼴인지를 설명하는 것이다. 10^{500} 이라는 경우의 수는 이런 로망에 좌절감을 안겨줄 만큼 충분히 크다.

많은 우주가 있을 수 있다는 것은 비유적인 레토릭이 아니라 실제로 그렇다는 뜻이다. 즉, 끈이론은 사실상 다중우주multi-verse의 존재를 강력하게 시사한다. 우리가 살고 있는 우주 말고도 다른 우주가 있다는 뜻이다. 끈이론에 따르면 그 숫자도 천문학적으로 많다. 그 모든 다른 우주들 각각의 총집합을 다중우주라고 한다. 각각의 우주는 서로가 전혀 상호작용을 하지 않을 수도 있다. 우리는 그냥 우리의 우주에서만 살고 있지만 우리와 전혀 별개의 수도 없이 많은 우주가 다중우주 속에 존재할 수 있다는 말이다.

　물리학의 역사에서 다중우주가 등장하는 것이 끈이론이 처음은 아니다. 사실 물리학의 곳곳에서 다중우주의 모티브를 발견할 수 있다. 우주론에서의 급팽창inflation이라든지 양자역학에서의 다세계 해석many world interpretation 등이 특히 그렇다. 심지어 최근에는 이 우주가 어떤 초지능에 의해 시뮬레이션된 결과물이라는 주장도 있다. 태양계와 지구와 그 속에 살고 있는 우리까지 모두 일종의 메타버스와 그 부속물에 불과할지도 모른다는 얘기이다. 중요한 사실은 이 모든 이야기들이 SF소설에나 등장하는 이야기가 아니라 과학자들이 매우 진지하게 연구하는 주제라는 점이다. 특히 21세기에 들어서 과학자들의 학구적 관심이 더욱 커지고 있는 추세이다. 여기에는 분명 끈이론의 수많은 진공상태가 한 몫을 했다. 그리고 만약 그렇게 많은 우주가 존재하고 각 우주마다 물리법칙이 다를 수 있다면, 과학자들이 추구해 왔던 최종이론의 꿈은 재조명해 볼 수밖에 없다.

2. 우주의 풍경과 코페르니쿠스의 원리

누군가에겐 재앙이었을 이 수많은 진공상태를 레너드 서스킨
드는 2003년 끈풍경string landscape이라 부르며 관점을 바꾸자고
제안했다. 진공상태란 에너지가 (국소적으로) 최저인 상태인데,
끈이론의 진공상태들이 마치 여러 산봉우리들이 늘어선 풍경 속
에서 수많은 깊은 골짜기들처럼 펼쳐져 있다고 생각할 수 있다.

서스킨드의 관점은 최종이론·만물이론의 관점과는 크게 다
르다. 최종이론을 추구했던 과학자들의 로망은 가깝게는 아인
슈타인, 멀게는 뉴턴과 심지어 탈레스까지 거슬러 올라간다. 앞
서 소개했듯이 탈레스는 만물의 아르케를 따져 묻는 방식으로
보편성을 추구했다. 뉴턴은 보편중력의 법칙으로 아리스토텔레
스가 천상계와 지상계로 나누었던 두 세상을 하나로 통합했다.

뉴턴의 성공은 근대과학을 확립했고 이후 과학자들의 임무는 뉴턴의 유지를 받들어 자연의 보편법칙을 추구하는 것이었다. 이 유지는 아인슈타인에게도 제대로 전해졌다.

> "내가 정말 관심을 가지는 것은 신이 세상을 창조할 때 어떤 선택의 여지가 있었을까 하는 점이다."[3]

　과학을 대하는 아인슈타인의 마음이 여기 잘 드러나 있다. 이 말은 물론 종교적인 이야기가 전혀 아니다. 과학자들이 신을 말할 때는 범신론적인 신일 때가 많아서 그냥 궁극의 자연법칙으로 바꾸더라도 크게 다르지 않다. 아인슈타인의 궁금증을 달리 표현하자면, 신도 어쩌지 못하는 어떤 우주의 규칙이 있을까, 우리 우주는 얼마나 달라질 수 있었을까, 라는 의문이다. 가령 표준모형이 궁극의 이론이라면 조물주는 20개 정도의 모수만 정해 주면 새로운 우주를 만들 수 있다. 전능하면서도 바쁘신 조물주가 무려 20개나 임의로 정해 줘야 하다니, 역시나 표준모형은 궁극적인 최종이론과는 거리가 멀다. 와인버그가 꿈꾸었던 최종이론·만물이론은 아인슈타인의 로망에 다름 아니다.
　이렇게 메타적인 시선으로 과학 자체를 바라보면 궁극의 이

3　Dennis Overbye, 「Did God Have a Choice?」, The New York Times, https://archive.nytimes.com/www.nytimes.com/library/magazine/millennium/m1/overbye.html?source=post_page

론을 좇는 아인슈타인의 로망은 과학이 태동한 이후로 20세기까지 변함없이 이어져 내려왔다. 생각해 보면 이는 놀라운 일이다. 궁극의 이론이 어떠해야 하는가에 대해서는 시대별로 조금씩 다르기도 했었다. 예를 들면 19세기까지는 과학이란 결정론적이라고 생각했었다. 19세기의 과학은 뉴턴역학을 중심으로 한 고전역학 체계로서, 초기조건이 정해지면 정확하게 나중 상태를 예측할 수 있다는 것이 고전역학의 정신이었다. 그 정점에 있었던 것이 피에르-시몽 라플라스였다. 라플라스는 이 우주에 충분히 지적인 존재가 있다면 고전역학의 결정론적 임무를 성공적으로 수행하리라 확신했다. 그 초지능적 존재를 '라플라스의 도깨비'라 부른다.

결정론은 20세기 양자역학이 등장하면서 무너졌다. 미시세계를 지배하는 원리인 양자역학에서는 과학자들이 미래 상태에 대한 확률 분포만 알 수 있을 뿐, 정확하게 어떤 상태가 튀어나올지는 알지 못한다. 이는 신의 섭리까지 탐을 냈던 아인슈타인의 로망에 크게 어긋나는 결론이다. 아인슈타인은 "신은 주사위 놀이 따위는 하지 않는다."며 일생을 두고 양자역학이 불완전한 이론이라고 생각했다. 그러나 20세기 과학의 역사는 양자역학의 승리의 역사였고, 적어도 이 분야에 관해서는 아인슈타인이 연속적으로 패배했다. 그럼에도 궁극적인 최종이론을 향한 아인슈타인의 로망은 20세기 내내 후대 과학자들에게 전수되었다.

서스킨드의 끈풍경은 바로 여기에 제동을 걸었다! 서스킨드에 따르면 유일무이한 끈이론, 또는 그 어떤 다른 최종이론을 추구하려는 목표는 신기루일 뿐이다. 애초에 그런 궁극의 이론 따위는 없다는 것이 서스킨드의 주장이다. 끈이론이 수많은 진공상태를 예견한다는 사실 자체가 최종이론주의자들에게는 재앙이긴 하지만, 그럼에도 10^{500} 또는 그보다 훨씬 더 많은 진공상태들 속에서 우리 우주를 찾아내는 어떤 선택의 규칙을 찾으려고 애쓰는 것이 아인슈타인의 20세기적 로망일 것이다. 서스킨드는 그런 선택의 규칙조차도 없다고 주장한다. 그런 질문 자체가 잘못됐다는 것이다. 어떤 선택의 규칙에 따라 우리가 지금의 우주에 살고 있는 것이 아니라, 그냥 우연히 지금의 우주, 표준모형의 약 20개의 모수가 많은 것을 결정하고 $E=mc^2$인 그런 우주에 살고 있다는 것이다. 왜냐하면 그런 우주가 우리 인간 같은 지적 생명체가 생겨나서 살아가기에 호의적이기 때문이다. 이런 설명 방식을 인류 원리anthropic principle라고 부른다. 다른 우주에서는 물리 상수도 다르고 물리법칙 자체도 다르다. 어떤 우주에서는 $E=mc^3$일지도 모른다. 우리는 그저 다중우주 속의 수없이 많은 가능성의 풍경 속에 있는 하나의 우주에 우연히 살고 있을 뿐이다.

　확실히 서스킨드의 끈풍경은 과학 자체를 바라보는 메타적 시각이 변하고 있음을 보여 준다. 탈레스 이래 뉴턴과 아인슈타인을 거쳐 와인버그에까지 이르는 최종이론의 로망에서 봤을 때 서스킨드의 해석은 과학을 아예 포기하는 것이 아닌가 하는 의심을 사기에 충분하다. 옛날의 관점에서는 서스킨드의 태도가 마치 과학자의 직무 유기인 것처럼 보일 것이다.

따지고 보면 서스킨드의 끈풍경과 비슷한 상황이 전혀 없는 것도 아니다. 예컨대 지구-태양 사이의 거리인 1AUAstronomical Unit(천문 단위)가 왜 하필 1억 5천만km인가 하고 질문할 수 있다. 16세기 후반의 케플러는 행성들의 공전궤도에 어떤 심오한 의미가 있다고 생각해 정다면체라는 수학적 구조물을 도입해 이를 설명하려고 했었다. 만약 지구와 태양이 우주에서 대단히 특별한 위치에 있다거나 그래서 1AU가 우리 우주의 근본적인 성질을 담지하고 있다면 왜 1AU가 특정한 값을 가져야 하는지는 과학의 중요한 문제일 수 있다.

그러나 뉴턴의 중력법칙을 안 뒤에는 이 거리에 특별히 중요한 뭔가가 있지 않음을 알게 되었다. 지구와 태양의 거리는 태양계 형성의 역사에서 우연히 정해진 사항이다. 다만 그 정도 거리에 있는 행성이 우리 같은 생명체가 생겨나서 번성하기에 적합했을 뿐이다. 지금은 아무도 1AU에 숨겨진 궁극의 원리를 추구하지 않는다.

서스킨드의 주장은 최종이론 또한 그런 식의 환상에 지나지 않는다는 것이다. 흥미롭게도 블랙홀에서의 정보 손실이라는 주제로 수십 년 동안 서스킨드와 논쟁을 벌였던 스티븐 호킹도 다중우주에 대한 서스킨드의 주장에 동조하고 나섰다. 호킹은

2010년 레오나르드 믈로디노프와 함께 쓴 『위대한 설계』에서 우주의 모든 면을 설명하는 단일한 수학적 모형이나 이론은 없으며 여러 개의 이론이 필요할 수도 있다는 주장을 펼쳤다. 심지어, "우리는 과학사의 전환점에 도달한 듯하다. 물리 이론의 목표와 조건에 대한 우리의 생각을 바꾸어야 할 때가 된 성싶다는 말이다."[4]라고까지 말했다. 과학 자체를 바라보는 메타과학적 시각의 전환은 확실히 과학사의 전환점이라 할 만한 패러다임의 전환이다. 물론 이 과정은 무위로 끝날 수도 있고 성공적이더라도 오랜 세월이 걸릴지도 모른다. 근대의 과학혁명에는 100년이 넘게 걸렸다. 최종적인 결과는 시간이 지나 봐야만 알 수 있다. 만약 그런 메타과학적 패러다임의 전환이 사실이라면 우리는 지금 굉장히 흥미롭고도 의미 있는 시기를 살고 있는 셈이다. 탈레스 이후 자연과학 자체를 바라보는 기획이 그 뿌리에서부터 갈리고 있는 셈이니까.

안타깝게도 국내에 『위대한 설계』가 처음 소개됐을 때 거의 모든 언론에서 호킹은 신을 지지하지 않는다, 천국이나 사후세계는 없다는 식의 보도 자료를 냈었다. 호킹도 자신의 언명에 신을 자주 쓰는 편이지만 그 또한 범신론적 범주를 크게 벗어나지 않는다. 또한 『위대한 설계』에서 호킹이 신은 필요 없다고 말한 것은, 수없이 많은 우주들이 물리법칙으로부터 자연적으

4　스티븐 호킹, 레오나르드 믈로디노프, 『위대한 설계』, 전대호 옮김, 까치(2010).

로 발생할 수 있으므로 여기에 초자연적인 힘이나 신의 개입은 필요 없다는 취지였다. 다중우주와 끈풍경을 지지하며 과학사의 전환점을 논했던 호킹의 논지가 국내에 소개될 때에는 엉뚱하게도 무신론으로 둔갑해 버린 셈이다.

나는 개인적으로 서스킨드와 호킹을 지지하는 입장이다. 물론 아직까지 다중우주가 있는지 없는지에 대한 실험적 증거는 없다. 다만 나는 다중우주의 존재 및 과학 이론의 목표와 조건에 대한 과학사적 전환이, 과학이 발전해 온 역사적 맥락과 잘 부합한다고 생각한다. 그 역사적 맥락이란 이른바 '코페르니쿠스의 원리'이다. 코페르니쿠스의 원리란 좁게 말해서 지구가 더이상 특별하지 않다는 원리이다. 코페르니쿠스는 1543년 『천구회전에 관하여』에서 태양중심설을 주창하였다. 코페르니쿠스는 그 이전 프톨레마이오스 체계의 지구중심설에서 지구와 태양의 위치만 슬쩍 바꾸었을 뿐이지만 그 역사적인 결과는 엄청나서 과학혁명의 서막을 올린 것으로 평가받는다.

프톨레마이오스가 집대성한 지구중심설에서는 지구가 우주의 중심에 고정돼 있다. 우주의 중심이란 우주의 아주 특별한 곳이다. 또한 지구를 제외한 다른 모든 천체가 지구 주위로 돌고 있는 상황이면 지구는 우주에서 대단히 특별한 천체이다. 코페르니쿠스는 지구를 우주의 특별하고 중심적인 지위에서 변방으로 내쫓아 버렸다. 말하자면 'The One'의 지위에서 졸지에 'One of Them'으로 격하된 것이다. 태양중심설에서는 지구가 다른 행성과 전혀 다를 바 없다. 따라서 코페르니쿠스의 원리는 일종의 민주주의의 원리이며 때로는 '평범성의 원리mediocrity principle'라고도 부른다.

과학이란 한마디로 자연의 보편법칙을 추구하는 학문이다. 보편법칙이라는 말 자체에 민주주의 또는 평범성의 원리가 포함돼 있다고도 볼 수 있다. 뉴턴의 만유인력의 법칙은 천상계와 지상계의 구분을 없앰으로써 보편법칙의 지위를 획득할 수 있었다. 이 또한 코페르니쿠스 원리의 일례라 할 수 있다. 물리학에서만 적용되는 것도 아니다. 다윈의 진화론은 코페르니쿠스적 맥락에서 해석하자면 인간 종이 특별하지 않다고 선언한 셈이다. 지금도 일부 그렇지만 당대 사람들이 격렬하게 진화론에 반대했던 이유 중 하나는 어떻게 우리가 원숭이의 자손이냐는 반감 때문이었다. 물론 이런 주장은 공통조상론으로서의 진화론을 오해한 결과이기도 하지만, 여기에는 기본적으로 인간이란 대단히 특별한 존재라는 인식이 깔려 있다. 그러나 생물학적으로 인간이 딱히 특별할 이유도 없지 않은가. 내 생각에 진화론의 가장 큰 의의를 꼽으라면 인간도 그저 '여럿 중 하나'일 뿐임을 과학 이론으로 제시했다는 점이다. 이는 코페르니쿠스의 원리가 생물에까지 확대된 것으로 볼 수 있다.

20세기 초반에도 비슷한 일이 있었다. 1920년대 초반까지만 하더라도 과학자들 사이에서는 우리의 은하수 은하가 우주의 전부인지 아닌지를 두고 '대논쟁'이 붙었다. 특히 안드로메다가 우리 은하에 속한 성운인가, 아니면 독립된 외계 은하인가도 관련된 논쟁의 대상이었다. 이 논쟁은 1923년 우연히도 안드로메다를 찍은 윌슨천문대의 사진 한 장으로 끝났다. 그 속에는 안드로메다의 세페이드 변광성이 하나 찍혀 있었다. 세페이드 변광성은 별의 밝기가 주기적으로 변하는 별로서 그 특성을 이용하면 별까지의 거리를 알 수 있다. 그렇게 알아낸 안드로메다까지의 거리는 80만 광년(지금 알려진 거리는 250만 광년)으로 우리 은하의 크기보다 훨씬 더 크다. 따라서 안드로메다는 우리 은하에 속하지 않은 외계의 독립된 은하임이 밝혀졌다. 안드로메다의 세페이드 변광성을 찍은 사람은 20세기의 가장 위대한 천문학자인 허블이었다.

그러니까 이 우주에 우리 은하말고도 다른 은하들이 있다는 사실을 알게 된 것이 불과 100년밖에 되지 않았다. 이로써 우리의 은하수 은하도 '여럿 중 하나'가 되었다. 우리 은하는 더 이상 특별하지 않다. 우리 우주에는 수천억 개의 은하가 있는 것으로 추정된다. 코페르니쿠스의 원리가 은하계까지 확장된 셈이다.

여기서 한 발 더 나가면 어떻게 될까? 당연히 우주 전체에 적용해 보고 싶을 것이다. 물론 끈풍경이나 다중우주가 코페르니쿠스의 원리를 적용해 도출한 결과는 아니지만 사후적으로 돌아보면 코페르니쿠스의 원리가 전 우주적으로 확대된 것과도 같다. 특히 서스킨드에 따르면 다중우주 속의 수없이 많은 우주들은 각기 자신의 자연법칙을 갖고 있으며 우리는 우연히 그 중의 하나에 살고 있을 뿐이다. 이제는 우리의 'universe'조차 'One of Them'인 셈이다.

다시 아인슈타인의 궁금증으로 돌아가 보자. 신에게 선택의 여지가 있었을까? 다중우주의 관점에서 답하자면, 그 답은 "그렇다."이다. 그것도 선택의 여지가 너무나 많다. 나의 솔직한 심정을 말하자면 이렇다. 나 또한 과학자로서 아직까지도 궁극의 최종이론을 발견해 우주의 모든 이치를 가장 밑바닥 수준에서 설명하고 싶은 로망을 품고 있다. 다중우주 속에 수많은 소우주가 풍경처럼 펼쳐져 있다면 그 속에서 우리 우주를 골라 내는 모종의 선택 규칙을 찾으려 할 것이다. 이는 가슴에서 들려오는 소리이다. 아마 전 세계 과학자를 대상으로 설문조사를 한다면 대부분이 비슷한 생각을 하리라고 확신한다. 반면 머릿속에서 들려오는 소리는 가능성의 풍경과 코페르니쿠스의 원리로 가득 차 있다. 만약 이것이 사실이라면 과학연구의 목표는 무엇이어야 할까? 신에게 선택의 여지가 그렇게나 많다면, 대체 우리는 무엇에 궁금증을 가져야 할까?

3. 초지능의 등장, 인공지능과 인간의 협업

지난 2016년 알파고가 이세돌 9단을 이겼을 때, 그 충격에서 헤어나자마자 내 머릿속에는 코페르니쿠스의 원리가 떠올랐다. 만약 코페르니쿠스의 원리를 인간 종이 아니라 인간의 지능에 적용하면 어떻게 될까? 지금은 지능에 관한 한 인간이 독보적으로 'The One'의 위치에 있지만 언젠가는 'One of Them'으로 전락하지 않을까? 적어도 바둑에서는 이미 기계가 인간을 훨씬 앞섰다. 여러 개의 인공지능 바둑 프로그램이 있으니까 인간은 그야말로 바둑에서만큼은 '여럿 중 하나', 그것도 그리 뛰어나지 않은 지능 중 하나에 불과하다.

인간 지능이 '여럿 중 하나'가 되는 상황은 크게 두 가지로 생각해 볼 수 있다. 첫째는 똑똑한 외계인과의 조우이고 둘째는 강력한 인공지능의 등장이다. 똑똑한 외계인을 찾기 위한 노력은 외계지적생명체탐사Search for Extra-Terrestrial Intelligence, SETI라는 거창한 이름으로 1960년대부터 진행돼 왔었다. 흔히 외계인, 또는 외계인 탐사라고 하면 SF 영화나 소설에 등장하는 허무맹랑한 '공상과학'으로 치부하는 경우가 많은데, SETI는 전문 과학자들이 주도한 프로젝트이다. 우리의 과학기술이 아직은 우주적인 규모에서 봤을 때 보잘것없는 수준이기 때문에 인공적으로 만들어 낸 전자기파를 추적하는 것이 지금으로서는 외계인을 탐색하는 가장 유력한 방법이다. 인공적으로 전자기파를 만들어 내려면 적어도 인류와 비슷한 수준으로 문명을 발전시켜야 가능하다. 그런 문명이 대체 몇 개나 있을까?

똑똑한 과학자들은 이런 값을 추정하는 방정식도 만들었다. 1961년 미국의 프랭크 드레이크가 만든 드레이크 방정식이 그것이다. 드레이크 방정식은 우리 은하에서 통신이 가능한 외계 문명의 개수를 추정하는 방정식이다. 방정식의 구조는 아주 간단해서 별 하나가 행성을 가질 비율, 행성 당 생명이 탄생할 비율 등의 7가지 요소들의 곱으로 문명의 개수를 추정한다. 각 항목별로 오차가 크기 때문에 전체 추정값도 변화가 크다. 그 결과 작게는 수십 개에서 많게는 수천만 개까지 나온다. 중요한 점은 이 값이 우리 은하에만 국한된 추정치라는 점이다. 우리 은하에만 수천억 개의 별이 있고, 우주 전체적으로는 다시 수천억 개의 은하가 존재한다.

과학자들을 대상으로 고등문명을 이룩한 외계인의 존재 여부를 묻는다면 아마 70% 이상은 긍정적인 답을 내지 않을까 싶다. 과학자들이 고등외계문명의 존재를 긍정적으로 여기는 이유는, 어차피 직접적인 조사가 불가능한 상황에서 합리적인 추정을 하는 수밖에 없는데, 결국 우리 인류의 문명이 우주적인 규모에서 봤을 때 그리 특별하지 않다는 전제가 깔려 있다. 태양은 우주에 널려 있는 수많은 별들 중 하나인 평범한 별일 뿐이고 지구는 그보다 훨씬 더 흔한 돌덩어리일 뿐이다. 그런 돌덩어리들 중에는 지구처럼 생명체가 생겨나서 진화할 조건을 갖춘 것들도 있을 것이고, 우리가 갑자기 어떤 절대적인 존재의 창조물이 아니라 자연적인 진화의 결과로 출현했으므로 우주의 다른 어느 구석에서도 비슷한 일이 일어났으리라 기대하는 건 너무나 자연스럽다. 결국 여기서도 암암리에 코페르니쿠스의 원리가 작동하는 것이다. 과학자들의 이런 추정을 받아들인다면, 우리는 이 우주에 널려 있는 (또는 널려 있을 가능성이 무척이나 높은) 수많은 지적 존재들 중 하나일 뿐이다.

　그렇다면 그 많은 외계문명은 다 어디에 있을까? 이런 의문은 1950년에 이미 위대한 물리학자인 엔리코 페르미가 던진 질문이었다. 이 우주에 또는 우리 은하에만 그렇게 많은 고등외계문명이 있다면 왜 아직 우리는 한 번도 만난 적이 없을까? 이를 '페르미의 역설'이라고 한다. 한 가지 가능한 설명은 이렇다. 우선 우주가 너무나 광활해서 우주를 가로질러 지구까지 오는 데에 아주 오랜 시간이 걸린다. 태양에서 가까운 별들은 수 광년 밖에 안 떨어져 있지만 우리 은하의 반대편에서 오려면 대략 십만 광년을 날아와야 한다. 광속으로 비행해도 십만 년 걸린다. 우리의 가까운 이웃 은하인 안드로메다는 250만 광년 떨어져 있다. 특수상대성이론에 따르면 우주선을 타고 광속에 가깝게 비행하면 그 안에 있는 외계인에게는 비행시간이 극도로 짧아진다. 반면 지구에서 가만히 기다리고 있는 우리에게는 250만 년이 걸린다. 특수상대성이론의 시간과 공간의 상대성 때문에 여행자의 입장에서는 사실 먼 거리 자체는 문제가 아니다. 다만 광속에 얼마나 가깝게 우주선을 가속할 수 있느냐가 기술적으로 쉽지 않을 것이다. 그만큼 엄청난 에너지가 필요하기 때문이다. 물론 이를 극복할 '신박한' 기술을 개발했을 수도 있다. 어쩌면 시공간의 고속도로라 할 수 있는 웜홀을 직접 뚫을 수 있을지도 모르겠다. 아니면 상대성이론을 뛰어넘는 새로운 과학 이론을 알고 적용했을 가능성도 있다. 만약 외계인이 초고도로 발달한 문명을 이룩했다면 우주 어디에서든 짧은 시간 안에 지구까지 오는 데에는 큰 문제가 없을 것이다. 다만 우리는 (우리가 모르는, 상대성이론을 뛰어넘는 과학 이론이 없다면) 대단히 오랜 세월을 기다려야 하기 때문에 우리 입장에서는 외계인과 만나기가 그리 쉽지 않을 것이다. 외계인의 1년이 우리에게 수만 년일 수도 있다. 그러나 어쨌든 외계문명이 지구를 방문한다면 그들은 우리보다 훨씬 더 발전한 문명을 이룩했을 가능성이 대단히 높다.

소련의 천문학자 카르다쇼프는 1964년, 문명의 발전 정도를 구분하는 척도를 제시했다. 이를 '카르다쇼프 척도'라고 부른다. 카르다쇼프 척도는 한 문명이 활용할 수 있는 에너지가 어느 정도인가에 따라 1단계 행성급 문명, 2단계 항성급 문명, 3단계 은하급 문명으로 구성돼 있다. 가령 2단계 항성급 문명은 항성 하나에서 나오는 에너지를 모두 활용할 수 있다. 『코스모스』의 저자인 칼 세이건은 인류의 문명 단계를 약 0.7단계로 추정하기도 했다. 아직 우리가 행성 하나에 유입되는 에너지를 모두 활용하고 있지 못한 것은 사실이다. 아주 얄팍하게 추정해 보자면, 같은 은하 속의 다른 항성들 사이를 자유롭게 돌아다니려면 대략 항성급 문명을, 은하와 은하를 자유롭게 가로질러 다니려면 대략 은하급 문명을 이뤄야 할 것으로 추정할 수 있다.

과학자들이 외계 신호를 수동적으로 탐색만 한 것은 아니다. 우주 공간으로 인류의 메시지를 전파하기도 했었다. 1972년 미국이 발사한 파이어니어10호, 11호에는 지구와 인간에 관한 간단한 정보가 실린 금속판이 실려 있었다. 1977년 발사된 보이저1, 2호에는 지구의 여러 소리를 담은 금제 음반을 실었다.[5] 1974년에는 당시 세계 최대 전파망원경인 아레시보 망원경에

---

5 Jet Propulsion Laboratory, 「The Golden Record」, NASA, Voyager, https://voyager.jpl.nasa.gov/golden-record/

서 허큘리스 대성단을 향해 인간과 지구에 관한 디지털 정보를 전송했다.

여기에는 당연히 걱정과 우려가 따른다. 만약 초고도외계문명과 조우하면 인류가 망하지는 않을까? 인류 자신의 역사를 돌아보면 이런 걱정이 기우는 아니다. 우리가 '유일자'가 아닌 '여럿 중 하나'일 때 느끼는 두려움은 바로 소멸에 대한 두려움이다. 대체로 사해동포주의자들인 과학자들은 낙천적이다. 지구를 찾아올 정도의 초고도문명이라면 그 문명의 지속 시간이 충분히 길어야 할 텐데, 호전적이고 침략적인 문명은 그리 오래 가지 못하리라는 믿음 때문이다. 물론 여기에도 반론을 제기할 수 있다. 지구에서 가장 평화로운 문명조차 매년 수많은 동물을 '윤리적으로 도축하며' 문명을 유지한다. 외계의 다른 문명에게 우리가 가축 이상의 의미가 있으리라는 보장은 없다.

외계고도문명의 예에서처럼 '여럿 중 하나'가 된다는 것은 생물학적 위협으로 느껴질 수 있다. 스티븐 호킹이나 일론 머스크처럼 세계적으로 이름난 인사들이 인공지능의 위험을 경고하고 나선 것도 그런 맥락에서 이해할 수 있다. 인공지능이 특별한 이유는 뛰어난 지능이 인간 종을 지구라는 행성에서 가장 지배적인 종으로 만들어 줬기 때문이다. 지능을 제외하고는 인간의 생물학적 조건이 다른 생명체보다 뛰어난 점이 별로 없다. 그야말로 '여럿 중 하나'일 뿐이다. 아주 오래전 수렵채집 시절의 인류는 자신의 육체적 한계 때문에 다른 생물종들로부터 생존의 위협을 느꼈을 것이다. 이후 문명이 발달하면서, 아마도 직접적으로는 공격 무기가 고도화되면서 이런 위협에서 벗어날 수 있었다. 20세기에 접어들어서는 인간에 의한 다른 생물종의 멸종을 걱정하기에 이르렀다. 20세기의 관점에서 돌아보자면 인류의 생존을 가장 크게 위협했던 것은 우리보다 신체 조건이 좋았던 대형 포유류였다기보다 눈에도 보이지 않는 세균과 바이러스였다. 불행히도 17세기에는 당시 유럽을 휩쓸며 인구의 1/3 정도를 죽음으로 내몰았던 페스트가 세균 때문임을 알지 못했다. 19세기에야 겨우 파스퇴르, 코흐 등의 노력으로 세균이나 바이러스가 특정 질병의 원인임을 규명할 수 있었고 근본적인 해결책으로 백신을 만들 수 있었다. 2020년 전 세계를 강타한 코로나19 바이러스가 수많은 목숨을 앗아가긴 했지만(2021년 8월 15일 WHO 기준 전 세계 사망자 약 430만 명) 인간 종의 생존에 큰 위협이 되리라고 생각하는 사람은 없을 것이다. 그러나 여전히 과학자들은 슈퍼바이러스의 등장을 걱정하고 있다. 사피엔스의 멸종까지는 아니겠지만 엄청난 인명 피해를 야기할 수도 있기 때문이다.

신체의 한계를 극복하기 위해 인간은 수많은 기계를 만들기도 했다. 자동차는 말보다 빨리 달리고 비행기는 새보다 빨리 난다. 트랙터는 소와 비교할 수조차 없고 총과 탱크는 그 어떤 맹수보다 파괴적이다. 인간은 자신의 뛰어난 지능 덕분에 자신보다 신체적으로 더 월등한 생명체를 제압할 수 있었고 제한적인 신체 능력을 확장할 수도 있었다. 뛰어난 지능은 인간 진화의 부산물이었지만 인간 종의 가장 뚜렷한 정체성이다. 바로 이런 이유 때문에 인공지능의 출현은 인간에게 정체성의 위기, 존재론적인 위협으로 다가온다.

인공의 기계가 인간 신체의 한계를 가볍게 넘어선 경험을 확장해서 상상해 보면 인공의 지능이 인간의 생물학적 지능도 시기가 문제일 뿐 언젠가는 가볍게 넘지 않겠느냐고 생각하는 것이 자연스럽다. 그런 인공지능을 흔히 강强인공지능이라고 한다. 일론 머스크는 강인공지능의 등장 시점을 2025년 전후로 잡았고 레이 커즈와일은 2045년으로 찍었다. 내가 만나 본 대다수의 인공지능 또는 뇌 과학 전공자들은 다소 부정적이어서 대체로 빨라야 앞으로 100년이라는 시간표를 제시했다. 언제가 됐든 강인공지능의 출현은 인간지능을 '여럿 중 하나'로 만드는 일대 사건이 될 것이다. 많은 사람들이 이 순간을 상정하고 두려움을 느끼는 이유는 '여럿 중 하나'가 나머지 다른 모든 것을 통제할 수 없기 때문이다.

나는 인공지능 전문가가 아니기에 언제 얼마나 강력한 인공지능이 출현할 것인지 짐작조차 하기 어렵다. 다만 인공지능기술이 이미 물리학 연구에 큰 도움을 주고 있으며 앞으로 똑똑한 인공지능이 등장한다면 굉장히 흥미로운 일들도 가능하리라는 기대를 갖고 있다.

가장 흥미로운 기대는 '인공지능 과학자', 즉 과학연구를 수행하는 인공지능의 출현이다. 아마도 인공지능 과학자는 일반적인 강인공지능보다 더 빨리 등장할 것이다. 왜냐하면 과학연구는 인간의 일상 중에 극히 일부에 해당하는 지적 활동이기 때문이다. 게다가 과학이라는 학문 자체가 체계적으로 정리된 알고리즘과 비슷하니까 극히 제한적인 조건 속에서 어떤 목적을 달성하는 작업이 영화 속 터미네이터처럼 돌아다니는 것보다야 더 쉬울 것이다. 어쩌면 생각보다 빨리 인공지능 과학자가 인간 과학자를 능가할지도 모른다.

이런 상황은 초고도문명을 이룩한 외계인 과학자를 만나는 것과 본질적으로 다르지 않다. 과학자들은 SF 영화 속 뛰어난 문명의 외계인을 보면서, 현실에서 그런 외계인 과학자를 만난다면 과학에 관해 묻고 싶은 것이 많을 것이다. 나도 그렇다. 영화 『지구가 멈추는 날』에는 외계인인 키아누 리브스가 지구인에 쫓기다가 지구인 과학자의 동료 집에 잠시 피신하는 장면이 있다. 그 짧은 순간 외계인은 지구인 과학자가 칠판에 적어 놓은 수식을 지우고 새로운 수식을 적어 준다. 물론 상상 속의 허구적인 연출일 뿐이지만, 나는 대체 그 칠판에다 외계인이 어떤 수식을 적었을까 너무 궁금했다. 21세기 현재 인간 과학자들이 골머리를 앓고 있는 여러 문제들, 암흑물질과 암흑에너지의 정체, 양자중력이론, 우주의 탄생과 미래, 다중우주의 여부 등등을 묻고 싶을 것이다. 그 대상을 초고도문명의 외계인 과학자에서 인공지능 과학자로 바꾸더라도 상황은 똑같다.

과연 과학하는 인공지능이 가능할까? 이 질문에 대한 답은 '과학을 한다'는 것을 어디까지 볼 것인가에 따라 달라질 수 있다. 지금도 전 세계 수많은 과학자들이 자신들의 연구에 인공지능 알고리즘을 이용하고 있다. 복잡한 데이터에서 의미 있는 신호를 분리해 낸다든지, 계산이나 시뮬레이션 시간을 획기적으로 줄인다든지, 수없이 많은 화합물의 조합 가능성을 따져 본다든지, 특정 질병과 유전자의 관계를 연구한다든지 하는 일에서 크게 공헌하고 있다. 내가 연구하는 입자물리학 분야에서도 1980년대부터 기계 학습의 기법을 데이터 분석에 도입했고 요즘은 다양한 분야에 걸쳐 딥러닝 기법을 활용하고 있다.[6] 지난 2019년에는 인공지능이 『리튬 이온 배터리』라는 과학학술서적을 출판하기도 했었다.[7] 이 정도 수준의 활용에 대해서 어떤 이들은 제3의 방법이라고 치켜세우는 한편 다른 이들은 지금까지 쓰던 계산기의 성능이 조금 더 좋아졌을 뿐이라 생각하기도 한다. 후자의 입장을 강조하는 쪽에서는 결국 지금의 인공지능 수준이 아직은 인간 과학자를 보조적으로 도와주는 수단에 불과하다는 인식이 깔려 있을 것이다. 예컨대 『리튬 이온 배터리』는

---

6   M. D. Schwartz, 「Modern machine learning and particle physics」, arxiv, 2103. 12. 26.

7   조승한, 「AI, 과학 학술서적 썼다…저자명은 '베타 라이터'」, 동아사이언스, 2019. 4. 14., http://dongascience.donga.com/news.php?idx=28079source%3Dfb&fbclid=IwAR2xgSQ9DSnUmGah9LVGJzoi_sM8bI5reIEwuEWkKAkqi6XGzOKKC7GzQO8

해당 분야의 수많은 논문을 인공지능이 학습한 뒤에 요점을 요약 정리한 책이다. 여기서 한 발 더 나아갈 수는 없을까?

2021년 2월 3일자 「네이처」지에는 인공지능 알고리즘이 수학의 정수론에서 새로운 추론을 세우는 데에 성공했다는 논문이 실렸다.[8] 저자들은 '라마누잔 기계Ramanujan Machine'라는 인공지능 알고리즘을 이용해 π나 e 등의 초월수를 포함하는 무한분수 형태의 공식을 100개 이상 새로이 추출하는 데에 성공했다.[9] 방정식 형태로 제시된 이 결과가 아직 증명되지는 않았으나 그런 관계가 성립하리라고 충분히 의심되는 '추론conjecture'들이다. 논문의 저자들은 '라마누잔 기계'를 이용해 이들 중 일부를 직접 증명하기도 했다. 이 인공지능의 이름은 인도 출신의 전무후무한 천재 수학자 스리니바사 라마누잔Srinivasa Ramanujan(1887~1920년)에서 따온 것이다. 라마누잔은 뛰어난 수학적 직관력으로 엄밀한 증명 없이 정수론에서 많은 공식들을 발견했고 다른 수학자들이 이를 증명하곤 했었다. 인공지능 '라마누잔 기계'는 인간 라마누잔이 했던 것과 거의 똑같은 일을 하는

8 Raayoni, G., Gottlieb, S., Manor, Y. et al., 「Generating conjectures on fundamental constants with the Ramanujan Machine」, Nature 590, 67 – 73., 2021, https://doi.org/10.1038/s41586-021-03229-4(이 논문의 예비논문(preprint)은 2019년 7월자로 공개되었다), https://arxiv.org/abs/1907.00205

9 Stephanie Pappas, 「New AI 'Ramanujan Machine' uncovers hidden patterns in numbers」, Live Science, 2021. 2. 14., https://www.livescience.com/ramanujan-machine-created.html

셈이다.

수학, 특히 정수론은 굉장히 제한된 분야이고 말 그대로 '수학적'이니까 인공지능 알고리즘이 어떻게든 뭐라도 할 수 있는 거 아냐? 하고 생각할 수도 있다. 정말 그런지도 모르겠다. 설령 그렇다 하더라도 천하의 라마누잔을 대신할 수 있는 기계가 등장했다면 그 자체로 수학의 발전에 크게 기여할 것이다. 더불어 인공지능과 인간의 협업이라는 새로운 형태의 '초협력 시대'가 열리는 셈이다.

수학은 그렇다 하더라도, 물리학에서도 비슷한 일이 가능할까? 지난 2020년 인공지능 알고리즘을 이용해 관측 데이터로부터 코페르니쿠스의 태양중심설을 도출했다는 결과가 물리학 분야에서 가장 권위 있는 학술지에 실렸다.[10] SciNet이라는 이름의 이 인공지능은 관측 결과를 함축하는 encoder 및 질문에 대한 답을 찾는 decoder라는 두 하부 알고리즘과, 이들을 잇는 '잠재적 표현'이라는 인공신경망으로 구성돼 있다. 저자들은 지구에서 관측한 태양과 화성의 겉보기 움직임을 코페르니쿠스(1473~1543년)가 살았던 시대에 맞게 일주일 단위로 시뮬레이션해서 얻은 데이터(총 3665개)로 SciNet을 훈련시켰다. (앞서 소개했듯이 화성은 케플러가 자신의 행성운동법칙을 발견하는 데에 중요한 역

---

10   Raban Iten, Tony Metger, Henrik Wilming, Lídia del Rio, and Renato Renner, 「Discovering Physical Concepts with Neural Networks」, Phys. Rev. Lett. 124, 010508(2020).

할을 했던 천체였다) 그 결과를 살펴보니 SciNet은 지구에서 관측한 데이터를 태양에서 관측한 지구와 화성의 각도로 바꾸어서 천체의 움직임을 파악하고 있었다.

물론 이 결과는 터미네이터 같은 인공지능 로봇이 우리에게 "태양이 지구 주위를 도는 것이 아니라 지구가 태양 주위를 돌고 있습니다."라고 알려 주는 식은 아니지만 대단히 흥미로운 결과임에 분명하다. SciNet이 작동하는 방식은 인간 과학자가 귀납적으로 자연의 법칙을 탐구하는 것과 아주 비슷하다. 특히 지금의 딥러닝 기술은 패턴 인식 등에서 큰 위력을 발휘하므로 예컨대 케플러가 브라헤의 방대한 관측 자료로부터 자신의 행성운동법칙을 도출하거나, 1953년의 제임스 왓슨과 프랜시스 크릭이 DNA의 이중나선 구조를 발견한 것과 같은 작업은 인공지능이 비교적 쉽게 할 수 있으리라 기대할 수 있다.

여기서 다시 한 걸음 더 나아가는 것은 어떨까? 인공지능이 떨어지는 사과를 보고, 또는 케플러의 행성운동법칙으로부터 보편중력의 법칙을 '발견'할 수 있을까? 또는 1900년의 막스 플랑크처럼 흑체복사 스펙트럼으로부터 플랑크 곡선을 유도할 수 있을까? 아니면 1905년의 아인슈타인처럼 단 두 개의 가정(관성좌표계에서 물리법칙의 동일성과 광속의 불변성)으로부터 특수상대성 이론을 도출할 수 있을까? 아마 쉽진 않을 것이다. 흑체복사의 경우 실험적 결과를 이론적으로 설명하는 것이 관건이었는데, 플랑크가 성공할 수 있었던 것은 빛이 마치 입자처럼 행동한다는 광양자 가설 때문이었다. 인공지능이 단지 관측 결과를 가장 잘 설명하는 이론적인 곡선을 수많은 시행착오를 거쳐 찾을 수는 있겠지만 이는 핵심 가설로부터 연역적으로 어떤 결과를 내는 인간의 방식과는 사뭇 다르다.

사실 광양자 가설을 일단 도입하기만 하면 그로부터 플랑크 곡선을 유도하는 데에는 인공지능이라는 사치품도 필요하지 않다. 이는 특수상대성이론도 마찬가지이다. 아인슈타인의 두 가정에서 특수상대성이론의 좌표변환식을 유도하는 것은 순식간이다. 심지어 수학적으로 완전히 동일한 변환식(로렌츠 변환식)이 이미 존재하기까지 했었다. 결국 물리학에서 중요한 것은 어떤 현상의 물리적 본질을 꿰뚫는 대담한 가설의 도입이다. 나머지는 부차적인 일이다. 특히나 인공지능의 시대에는 더욱 그렇다. 돌이켜보면 지금까지의 한국 교육은 대체로 이처럼 부차적인 일에만 집중해 왔었다.

그러니까, 인간 과학자 같은 인공지능이 출현하려면 스스로 가설을 세우는 능력이 있는가가 일차적인 관건이다. 이 영역을 우리는 대체로 창의력이라 불러 왔다. 아직까지는 인간에게만 허락된 영역이다. 이렇게 따지고 보면 역시나 아인슈타인이 "지식보다 상상력이 중요하다."고 했던 말의 중요성을 새삼 깨닫게 된다. 인공지능이 발달함에 따라 결국 인간과 기계의 근본적인 차이점은 창의력으로 귀착될 가능성이 크기 때문이다. 다만, 인간의 지능 또는 창의력 또한 근본적으로는 진화의 산물일 뿐이어서, 아주 특별하거나 범접할 수 없는 영역에 속하는 신비한 영물인 것은 전혀 아니다. 두뇌나 지능까지 포함하더라도 우리 인간은 이 우주에서 그리 특별한 존재가 아니다. 인공지능이 놀라운 직관력을 발휘해서 엄청난 가설을 세울 수 있는 날이 언젠가는 오리라고 나는 생각한다. 그렇다고 당장 1, 2년 안에 가능한 일은 결코 아니다. 그 단계까지 가기에는 많은 장벽을 넘어야 할 것이다. 그럼에도 인공지능 과학자는 굉장히 제한된 영역에서만 작동해도 되니까 터미네이터 같은 범용의 초지능이 나오기 전에 등장할 가능성이 높다고 본다.

이 시점이면 우리는 과학조차도 '여럿 중 하나'가 되는 상황을 맞이하게 될지도 모른다. 인간이 이룩한 과학 체계는 지금까지 유일무이했지만 인공지능 과학자가 구축하는 과학은 인간이 이해할 수 없는 전혀 새로운 과학일 수도 있다. 마치 인간 바둑기사가 인공지능 바둑 프로그램의 수를 이해할 수 없듯이 말이다. 그건 과학자들에게 축복일까, 재앙일까.

한 가지는 확실하게 말할 수 있다. 그런 인공지능 과학자의 등장은 분명히 새로운 과학혁명으로 기록될 것이다. 1687년 뉴턴이 『프린키피아』를 써서 인류사에 길이 빛날 과학혁명을 완성했다면, 인공지능 과학자가 미래 어느 시점에 작성할 AI 버전의 『프린키피아』는 인류사의 또 다른 변곡점을 찍을 제2의 과학혁명으로 기록될 것이다. SciNet이 코페르니쿠스를 재발견한 2020년은 그 출발점으로 평가받을지도 모르겠다.

이 단계의 과학자들은 큰 혼란에 빠질 것이 분명하다. 바둑의 경우가 중요한 참고 사례가 될 것이다. 이세돌 9단을 이긴 알파고 버전인 '알파고 리'만 하더라도 인공지능이 둔 수를 인간 고수들이 이해하지 못했다. 그 뒤로 등장한 알파고 제로는 말 그대로 천하무적으로, 알파고 리조차도 적수가 되지 못한다. 이제는 인간과 기계 사이의 격차가 너무 커서 어리석은 우리가 이해하지 못하는 부분도 있겠지만, 인공지능 자신도 왜 그런 수를 두었는지 우리에게 설명하지 못한다. 적어도 지금까지는 인공지능이 왜 그런 선택 또는 결정을 내렸는지 인공지능 스스로를 포함해서 아무도 모른다. 좀 조야하게 말하자면, "그냥 하다 보니 결과가 아주 좋더라." 수준이다. 그 때문에 각국에서는 인공지능과 관련된 윤리 강령을 만들면서 '설명 가능성'을 중요한 덕목으로 요구한다.

만약 인공지능이 중요한 사법적 판단에 조언을 하거나 병원에서 질병 판정에 도움을 주려 한다면, 예컨대 의사들은 인공지능이 왜 똑같은 사진을 보고 암이라는 판정을 내렸는지 궁금해할 것이다. 이때 인간이 납득할 만한 설명이 제공되지 않는다면 인간은 영문도 모른 채 기계의 결정을 따르거나 그 결과를 이해하기 위해 열심히 공부하거나 아니면 그냥 간단히 무시해 버릴 것이다. 바둑에서는 인공지능이 둔 수를 인간 기사들이 열심히 토론하고 공부해서 그 수의 의미를 어느 정도 이해하고 그 과정에서 바둑 자체에 대한 이해도 높아졌다. 물론 그 이해가 정확히 인공지능의 추론과 같은지는 아무도 모른다. 그래도 인간이 학습으로 어느 정도 기계의 결정을 이해할 수 있다면 다행이다. 범용으로 활동하는 강인공지능이 등장해서 내리는 모든 판단을 우리가 아무리 학습한다고 해도 이해할 수도 없고 인공지능조차 설명할 수 없을지도 모른다.

과학에서도 그런 일이 벌어질 수 있다. 초고도문명의 외계인 과학자로 치환해서 생각해 보자면, 마치 「지구가 멈춘 날」의 키아누 리브스처럼 그냥 칠판에 공식 하나 던져 놓고 사라진 경우와 똑같다. 인간 과학자들이 그 공식을 적용해 실제 올바르게 작동함을 확인할 수는 있겠지만 왜 그런 공식이 나왔는지, 어떻게 유도했는지, 다른 알려진 과학 이론들과는 어떤 관계에 있는지 등을 알지 못한다면 인간 과학자들은 무척 답답할 것이다. 그렇다면 인공지능 과학자의 결과물을 이용하는 단계에서의 과학은 어떤 과학으로 규정할 것인가라는 애매한 문제가 남는다. 해마다 노벨상을 수여하는 노벨상위원회도 골머리를 앓을 것이다. 어쩌면 그 무렵 인간 과학자의 주된 임무는 인공지능 과학자의 결과물을 잘 이해하고 해석해서 해설하고 주석을 붙이는 일일지도 모른다. 그러니까 과학의 프런티어는 인공지능이 맡고 인간은 사후적으로 그 뒷일을 수습하는 일종의 강제된 역할 분담을 하지 않을까?

인공지능 과학자가 언제 등장할지는 아무도 모른다. 다만 그 단계에 진입하기 전에 꼭 거쳐야 할 중요한 단계는 지금까지 인간이 확립한 과학 체계와 수많은 실험 데이터를 학습하는 일이다. 그렇다면 지금 현재 얼마나 많은 과학 논문과 교과서와 데이터를 보유하고 있는가가 치명적인 관건이 될 것이다. 앞서 말했듯이 과학 발전의 중요한 미덕은 공유와 협력의 정신인데, 인공지능 과학자의 등장이 머지않은 시점에도 이 공유와 협력의 정신이 과연 잘 유지될 것인지 의문이다. 짐작컨대 과학자들은 공유와 협력을 지지할 것이다. 그러나 불행히도 과학자들에겐 그걸 결정할 권한이 없다는 게 문제다. 앞서 말했듯이 지금도 대형 학술지들의 잇속 때문에 자기가 쓴 논문을 볼 때에도 돈을 내야 하는 경우가 허다하다. 코로나19 백신이 속속 개발돼 접종이 시작된 2021년, 돈 많은 선진국들이 백신을 싹쓸이로 선구매하는 바람에 가난한 나라들은 최소한의 물량조차 확보하지 못하고 있다. 각자의 생존과 국익이 걸린 문제라면 언제든 빗장을 걸어 잠글 수 있다. 그러고 보면 디지털 중심의 4차 산업혁명 시대일수록 지금까지 면면히 이어져 축적돼 온 인간 지식의 자산을 누가 더 많이 가지고 있는가가 치명적인 차이를 만들지도 모른다. 최악의 경우 우리가 제대로 대비하지 못한다면, 산업화가 늦었다는 우리의 회한이 21세기에 극복되기보다 오히려 더 큰 절망감으로 다가올지 모른다.

지금부터라도 우리는 그런 시대를 미리 준비해야 한다.

4. 뉴노멀 시대, 모순된 가치의 조화 속에
한국이 부상하다

2019년 12월 중국 우한에서 시작된 코로나19 바이러스는 이듬해 전 세계로 퍼져 유래가 없는 팬데믹 사태를 초래했다. 역사책에서나 봤던 중세의 페스트나 20세기 초의 스페인 독감은 아련한 옛날이야기이지 21세기의 인류가 겪을 일이라고 생각한 사람은 극히 드물었을 것이다. 2020년 지구촌을 강타한 코로나19 팬데믹은 그때까지의 모든 일상을 바꾸었다. 팬데믹 초기부터 전문가들은 이제 더 이상 코로나 이전으로 인간의 삶을 돌이키기 어려울 것으로 내다봤다. 물론 모든 일상을 돌이키지 못하는 것은 아닐 것이다. 백신 접종으로 집단면역이 형성되면 사람들은 다시 마스크를 벗고 학교로 직장으로 자유롭게 돌아다니고 술집과 고깃집도 예전처럼 북적댈 것이다. 그러나 다시 이전으로 돌이키기 힘든 부분도 분명히 있다. 재택근무나 온라인 업무, 비대면 수업에서 큰 효율을 맛본 사람들은 다시 과거로 돌아가고 싶지 않을 것이다. 비대면 일상을 떠받쳤던 온라인 쇼핑, 배달 등의 인프라도 원상회복의 길을 걷기보다 새로운 도약의 길을 모색할 가능성이 높다. 국제적으로는 탈세계화의 흐름이 탄력을 받을 것이다. 팬데믹으로 각국이 봉쇄 조치에 들어가면서 국제적인 가치사슬value chain이 무너지며 선진국에서조차 마스크 하나 제때 생산하지 못하는 역설이 빚어졌다. 코로나19가 마지막 팬데믹이 아닐진대, 각국 정부는 최소한의 물자 자급을 위한 노력을 기울일 수밖에 없다. 특히 백신이 출시되고 선진국들 중심으로 백신 접종이 시작되면서 물량 생산과 조달을 둘러싼 국가 간 신경전은 계속되고 있고 급기야 수출 제한 조치까지 내리기도 했다.

"뭉치면 죽고, 흩어지면 산다."는 전도된 낯선 구호가 이제는 새로운 삶의 규칙이 되었다. 이 전도가 일시적인지 또는 어느 정도까지 비가역적인지는 두고 볼 일이다. 아직도 우리는 팬데믹의 와중에 있기 때문에 이를 우리가 어떻게 극복하느냐에 따라 이후 펼쳐질 뉴노멀의 세상도 달라질 것이다. 다만 현재 목도하는 징후들 중에서 지금까지 논의했던 내용들과 연결되는 세 가지 뚜렷한 특징들을 중심으로 정리해 보려 한다.

첫째, 비대면 일상의 확대이다. 뉴노멀 시대의 특징을 꼽으라면 아마 열에 아홉은 비대면을 선택할 것이다. 그러나 뉴노멀의 본질은 비대면의 일상 뒤에 숨어 있다. 인간은 사회적인 동물이기에 어떤 형태로든 서로 관계를 맺으면서 삶을 살아갈 수밖에 없다. '비대면'이라는 말 속에는 이미 '비대면으로 연결'이라는 뜻이 포함돼 있다. 비대면 수업, 비대면 예배, 비대면 거래 등 대부분의 비대면 행위들은 그 행위의 대면성이 전제돼 있다. 원래 비대면으로 진행되는 행위, 예컨대 전화 통화 행위를 굳이 '비대면 통화'라 하지 않는다. 또한 사람들과의 접촉이나 연결이 필요 없는 행위, 즉 운전이나 화장실 볼 일 보기 등의 행위를 두고 비대면 운전이나 비대면 화장실 가기라고 하지 않는다.

대략 20세기까지는 비대면의 일상을 영위하면서 서로의 연결성을 유지한다는 것이 형용모순으로 받아들여졌을 것이다. 20세기 말의 정보통신혁명과 21세기 초의 모바일혁명은 이 형용모순을 자연스러운 현실로 바꾸었다. 비대면이 강화될수록 초연결성 또한 강화된다. 사람과 사물을 모두 디지털로 연결하겠다는 4차 산업혁명의 초연결성이 팬데믹 때문에 미처 제대로 준비하지도 못한 채 강제된 셈이다. 그나마 한국이 초등학교에서 대학교까지 어떻게든 꾸역꾸역 온라인 수업이라도 엉성하게나마 굴릴 수 있었던 것은 지금까지 'IT 강국'이라는 이름에 걸맞게 최소한의 인프라가 구축돼 있었기 때문이다. 사람과 사람의 연결은 통신망과 단말기를 이용해 온라인 수업이든 재택근무든 화상회의든 가능해졌다. 또한 한국 특유의 뛰어난 물류 및 배송 체계와 온라인 유통망 덕분에 비대면의 조건을 준수하면서도 일상을 유지하는 데에 큰 어려움을 겪지 않았다. 팬데믹 초기 일부 선진국에서 목격했던 생필품 사재기 같은 일은 정말로 남의 나라 일이었다.

가장 최근에 상용화된 5G 통신에서는 4G에 비해 대기 시간이 대폭 줄어들었고 대량의 데이터를 더 빨리 주고받을 수 있으므로 팬데믹 이후에라도 초연결 사회의 중추신경망 역할을 충실히 해낼 것이다. 더 많은 용량의 데이터를 더 빨리 주고받을 수 있다면 자율주행자동차 등에서도 필수적이겠지만, 가상현실이나 증강현실, 사물인터넷, 원격의료 등이 본궤도에 오를 것이다. 주변의 사람과 모든 사물이 네트워크로 연결된다면 인간이 생물학적으로 가질 수밖에 없는 시간과 공간의 한계를 획기적으로 뛰어넘게 된다.

이보다 더 주목할 만한 점은 현실의 일상과 경제활동까지 포괄하는 디지털 영역의 확장이다. 앞서 잠시 언급했던 메타버스가 대표적인 사례이다. 토종 SNS의 대표 주자였던 '싸이월드'가 서비스 재개를 선언하면서 메타버스를 도입하겠다고 했다. 아직 본격적인 메타버스는 시작 단계여서 누구나 동의하는 확립된 개념이 존재하지는 않는다. 다만 가상의 디지털 세상과 현실세계가 이전보다 훨씬 더 긴밀하게 연동될 것임은 분명하다. 여기에는 향상된 가상현실·증강현실 기술과 5G통신기술이 함께할 것이다. 게다가 '싸이월드'는 특유의 사이버머니 개념이었던 '도토리'를 이더리움 기반의 새로운 암호화폐로 대체한다는 계획까지 가지고 있다고 한다. 암호화폐가 메타버스에 결합되면 디지털 세상에서도 현실과 같은 경제활동까지 가능해질 것이다. 게임 속의 관련 아이템을 사고파는 수준을 훨씬 뛰어넘을 것이다. 메타버스는 아마도 가장 가까운 미래에 실현될 초연결성의 총아이지 않을까 싶다. 만약 여기에 인공지능기술까지 접목된다면 사용자의 아바타가 사용자를 대신해 메타버스에서 경제활동을 하는 일도 상상할 수 있다. 기존의 회사 업무가 일부 메타버스에서 구현될 수도 있고, 아예 완전히 새로운 경제생태계가 생길 수도 있다.

이처럼 비대면의 이면에 숨은 뉴노멀의 본질은 초연결의 필요성이다. 초연결은 대면이냐 비대면이냐의 이분법을 넘어 대면과 비대면의 경계를 아예 없앤다. 대면과 비대면의 구분이 무의미해지면 우리의 의지에 따라 대면과 비대면을 선택할 수 있다. 그 경계는 메타버스 같은 디지털 세상이 대신할 것이다.

둘째, 코로나19 팬데믹이 우리에게 던진 가장 큰 놀라움은 기존 선진국의 몰락이다. 말하자면 선진국들도 팬데믹 앞에서는 그저 'One of Them'에 지나지 않았음이 현실로 드러났다. 선진국의 이런 모습은 나에게도 당황스럽게 다가왔다.

대중 강연을 할 때마다 나는 한국에서의 기초과학은 (분야별로 편차는 있겠지만) 아직 세계적인 수준과는 차이가 있고 대중적으로도 문화로서의 과학이 향유되지 못한 점을 지적하곤 했다. 이는 대체로 사실이다. 간단한 지표로 논문 발표 수나 인용 지수가 예전보다 많이 좋아지긴 했으나 여전히 과학 선진국들과는 차이가 있다.[11] 연구기관의 수준도 마찬가지이다. 그 결과로 아직까지 노벨과학상 수상자도 없다. 문화로서의 과학은 그 사회에서 과학이 일상적으로 소비되고 향유되는 방식과 연결되는 문제인데, 과학 서적이나 언론에서 과학을 다루는 방식 등을 살펴보면 아직 부족한 점이 많다. 지난 2010년을 전후로 한국에서도 과학 서적들이 붐을 이룰 정도로 많이 쏟아졌지만 여전히 독자층은 대략 3~5천 명 수준이다. 국내 저자가 많아지긴 했으나 아직도 외서가 차지하는 비중이 크다. 일선 과학자로서 크게 느껴지는 차이는 언론사의 과학 기사이다. 「뉴욕타임스」나 「가디언」지의 과학 기사는 양도 많고 질도 높아 수준이 상당하다. 반면 한국의 기사는 대체로 외신을 베낀 수준인데 그나마도 분량이 적고 깊이도 얕다. 이럴 수밖에 없는 근본적인 이유는 아직 우리가 기초과학 분야에서 자생적으로 새로운 정보를 원활하게 생산하지 못하고 있기 때문이다. 또한 과학조차도 단편적인 암기성 지식으로 교육받은 영향도 클 것이다.

과학 선진국들이 우리를 바라볼 때도 한두 수 아래로 여긴다. 지난 2008년 미국산 쇠고기 파동이 있었을 때 당시 주한 미 대사였던 알렉산더 버시바우는 미국산 쇠고기 수입을 반대하는

---

11   정윤주, 「11년간 피인용 횟수 상위 1% 한국 논문 4천 692건…세계 15위」, 연합뉴스, 2020. 8. 5., https://www.yna.co.kr/view/AKR20200804076400017

여론이 비등하자 "한국 국민들이 과학에 대해 좀 더 배우기를 희망한다."고 조롱 섞인 발언을 하기도 했었다.[12] 일본은 우리가 후쿠시마 원전 사고 이후 일본산 농수산물 수입을 금지하자 세계무역기구WTO에 한국을 제소했었다. 2011년에는 한국이 후쿠시마 인근 8개 현의 수산물 50종과 13개 현의 농산물 26종을 수입 금지했고 2013년에는 후쿠시마 인근 8개 현의 수산물을 모두 수입 금지하면서 방사능 검사 조치도 강화했다. 이에 대해 WTO는 2018년 1월 1심에서 한국 패소 판결을 내렸다. 그 이유는 한마디로 2013년 한국의 조치에 과학적인 근거가 없기 때문이었다.[13] 다행히 2심에서는 한국이 모두의 예상을 깨고 대역전의 승소를 거두었다.[14] 그럼에도 일본은 여전히 "일본산 식품의 안전성은 과학적 근거에 따라 확보돼 있다."면서 우리에게 수입 재개를 요구하고 있다.[15]

그런데 팬데믹에 대처하는 서구사회의 모습을 보면서 과연

12 이제훈, 「버시바우 대사 "한국민, 과학에 대해 좀 더 배우길"」, 한겨레신문, 2008. 6. 3., http://www.hani.co.kr/arti/politics/politics_general/291376. html

13 조귀동, 「과학적 증거없는 부실 대응이 낳은 패소...WTO "韓, 후쿠시마 수산물 수입 금지 이유 못 대"」, 조선비즈, 2018. 2. 23., https://biz.chosun.com/ site/data/html_dir/2018/02/23/2018022301805.html

14 김영배, 「"후쿠시마 수산물 '잠재 위험' 인정, WTO서 기념비적 사건"」, 한겨레신문, 2019. 5. 1., http://www.hani.co.kr/arti/economy/economy_ general/892199.html#csidxa30e8b94af8131e9b98ce061ae99ad4

15 장용석, 「日외무상 "후쿠시마 수산물 안전… 한국, 수입 재개하라"」, 뉴스1, 2020. 9. 10., https://www.news1.kr/articles/?4054476

이런 통념이 어디까지 적용되는가 하는 회의감이 들기 시작했다. 미국의 트럼프 대통령이야 원래 과학 자체를 불신하는 유명한 반과학주의자로 잘 알려져 있었지만 영국의 보리스 존슨 총리도 팬데믹 초반에 자연적인 집단면역을 입에 올렸다가 여론의 뭇매를 맞고 즉시 입장을 바꾸었다. 사상 최초로 종두법을 시행한 나라가 맞나 싶을 정도이다. 총리도 총리지만 영국에서 대단히 많은 확진자와 사망자가 나온 데에는 일반 국민들이 바이러스 및 방역을 어떻게 받아들이고 대처하느냐에도 문제가 있었기 때문이다. 이는 곧 일반교양으로서의 과학이 얼마나 수용되는가의 문제와도 연결된다. 영국과 함께 유럽에서 많은 확진자와 사망자를 낸 프랑스, 이탈리아에서도 비슷하다. 유럽 선진국들에서는 일반 국민들의 과학적 문해력이 평균적으로 높을 것이라는 막연한 기대감이 적어도 이번 팬데믹 기간 동안에는 무너졌다.

반면 한국에서는 오히려 정반대에 가까운 일들이 벌어졌다. 코로나19 바이러스가 보고되기 전에 방역당국은 이와 비슷한 성질의 바이러스를 상정한 가상의 훈련을 벌였고 중국에서 바이러스가 보고된 직후에는 진단키트를 신속하게 생산할 수 있도록 조치했다. 2020년 1월 20일 첫 확진자가 나온 뒤에는 이른바 3T Test, Trace, Treat 방책을 적극적으로 구사해 감염 확산 통제에 성공했다. 여기에는 앞선 ICT 기술과 국민들의 적극적이고 자발적인 협조가 결정적이었다. 그 결과 한국은 유럽 여러 나라처럼 극단적인 봉쇄 조치를 취하지 않고서도 가장 성공적으로 감염 확산을 저지한 나라로 평가받았고 'K방역'이라는 말이 나오기 시작했다.

그래서 셋째, 한국의 부상이 뉴노멀 시대의 또 다른 특징이다. 팬데믹 와중에 K방역이 성공하면서 우리 스스로의 능력과 가치를 재발견하는 계기가 되었다. 한마디로 "눈을 떠 보니 선진국이 돼 있었다."[16] K방역의 성공은 가장 극적으로 '눈을 떠 보니 선진국'을 실감나게 했다. 이미 우리는 선진국인데 우리만 몰랐다는 이야기를 곳곳에서 들을 수 있다.

이런 인식에도 세대별로 미묘한 차이가 있는 것 같다. 가령 일본을 평가할 때 나처럼 20세기에 모든 고등교육을 마친 사람에게 일본은 영원한 (우리가 무척 따라가기 어려운) 기초과학의 선진국이다. 일본 땅에만 입자가속기가 여러 대이고 중성미자라는 소립자에 특화된 설비는 독보적이다. 2020년까지 일본이 배출한 노벨상 수상자는 물리학상 9명, 화학상 8명, 생리의학상 5명, 문학상 2명, 평화상 1명(국적자 수상 기준)으로 과학 분야만 22명에 이른다. 2014년 무렵 어느 대학의 대학원에서 교양과학을 가르칠 기회가 있었는데, 현대물리학을 소개하면서 일본 과학자들의 이름이 무척 많이 나온 경우가 있었다. 일본 현대물리

16   박태웅, [박태웅 칼럼] 「눈을 떠 보니 선진국이 돼 있었다」, 아이뉴스24, 2021. 1. 11., http://www.inews24.com/view/1333621

학의 아버지라 할 수 있는 니시나 요시오는 양자역학이 태동하던 20세기 초반 유럽에서 유학하며 새로운 물리학을 제대로 익힌 뒤 교토에서 뿌리를 내려 훌륭한 제자들을 키웠다. 그중 유가와 히데키와 도모나가 신이치로는 나란히 일본에서 노벨상 1호(1949년), 2호(1965년)를 기록했다. 생물학 분야에서는 기타사토 시바사부로가 19세기 말 결핵균을 발견한 독일의 로베르트 코흐 연구실에서 연구했다. 시바사부로는 연구실 후배였던 에밀 폰 베링과 함께 혈청치료법을 연구했다. 폰 베링은 디프테리아 치료법을 발견한 공로로 지도교수와 연구실 선배를 제치고 1901년 최초의 노벨생리의학상을 수상했다. 일본에서는 시바사부로가 수상자에서 빠진 것이 인종차별 때문이라고 주장해왔다.

당시 나는 수업이 끝난 뒤 간단한 강의 소감문을 받았다. 그날 강의 소감문에는 일본에 저렇게 유명한 과학자가 많은 줄 몰랐다, 일본이 제조업은 우리보다 못한 것 같은데 기초과학은 꽤하는 모양이다, 라는 의견이 대부분이었다. 세상에서 일본을 우습게 아는 나라는 한국뿐이라는 말을 그때 실감했다. 그러나 시간이 지나면서 젊은 학생들의 이런 반응이 세상물정 모르는 편협한 인식의 결과라기보다 실제 진실의 상당 부분을 내포하고 있다는 생각이 커지기 시작했다. 지난 2019년 일본이 반도체 관련 부품 소재의 수출 규제 조치를 내렸을 때 대부분의 국내 전문가들이 한국 제조업, 나아가 한국 경제가 망할 것이라는 전망을 내놓았다. 그분들이 일본을 생각하는 관점이 아마도 나의 관점과 크게 다르지 않았기 때문일 것이다. 그러나 현실은 정반대였다. 일본이 수출 규제를 시작한 지 1년 반 정도 지난 뒤 한국이 반도체 소재를 국산화해 수출 규제로 인해 오히려 일본이 큰 타격을 받았다는 평가들이 나왔다.[17] 물론 그렇다고 일본의 기초과학이나 제조업이 갑자기 다 몰락한 것은 아니다. 중요한 것은 우리가 이제 더 이상 일본에 수직적으로 종속된 나라가 아니며 상당 부분에서 이미 우리는 잘하고 있고 그렇게 이미 선진국이라는 사실이다.

조금 시야를 넓혀 보면, 코로나 이전부터 세상 사람들은 한국을 이미 선진국이라고 생각하고 있었다. 항상 직설적이었던 트럼프가 우리더러 '부자나라가 공짜로 국가 방위를 원한다'고 말했을 때, 적어도 우리가 부자나라라는 표현은 전혀 틀린 말이 아니다. 한국은 이미 세계 10위권의 경제대국이다.

2020년 기준 한국의 1인당 국민소득은 G7 회원인 이탈리아를 제치고 세계 7위권이다.[18] 소득의 실질 구매력을 나타내는 1인당 실질국민소득은 이미 2018년 일본을 앞질렀다.[19] 한국은 블룸버그 2021 혁신 국가 순위 1위[20], 2020년 UN전자정부 평

---

17 윤은숙, 「니혼게이자이 "日 수출규제, 일본 기업에 되레 큰 타격"」, 아주경제, 2021. 2. 7., https://www.ajunews.com/view/20210207132647902

18 조준형, [팩트체크] 「한국 경제 G7 첫 추월?·코로나 이전수준 가장 먼저 회복?」, 연합뉴스, 2021. 5. 10., https://www.yna.co.kr/view/AKR20210511156300502

가 온라인 참여 지수에서 193개국 중 1위, 전자정부 발전 지수 2위를 기록[21]한 나라이다. 우리는 국세청 홈택스(www.hometax. go.kr)를 이용해 연말 정산 등 세금 관련 업무를 손쉽게 볼 수 있다. 코로나19 팬데믹 상황에서 K방역이 성공한 데에는 확진 자 동선 제공, 공적 마스크 재고 알림, 자가 진단 및 격리, 재난 지원금 신청 및 지급, 백신 접종 예약 및 전자증명서 발급 등의 서비스가 크게 기여했음을 부인할 수 없다. 팬데믹의 상황에서 한국 국민의 88.9%가 전자정부 서비스를 이용했고 만족도는 무려 98.1%에 달했다.[22]

이는 일본과 극명하게 대조되는 점이다. 일본에서는 여전히 코로나19 확진자를 팩스로 집계하고 있으며 백신 접종 관리도 아날로그적이다. 공교롭게도 한국과 일본은 거의 같은 시기에 전자정부 구축 작업을 시작했다. 그러나 한국은 성공했고 일본

---

19   이강국, [세상읽기] 「일본은 한국보다 가난해졌는가」, 한겨레신문, 2021. 5. 3., https://www.hani.co.kr/arti/opinion/column/993713.html

20   기획재정부, 「2021 블룸버그 혁신지수: 한국 세계1위」, KDI 경제정보센터, 2021. 2. 3., https://eiec.kdi.re.kr/policy/materialView.do?num=210276& topic=

21   행정안전부, 「국제연합(UN), 2020년 전자정부평가 발표」, 행정안전부 보도자료, 2020. 7. 11., https://www.mois.go.kr/frt/bbs/type010/commonS electBoardArticle.do?bbsId=BBSMSTR_000000000008&nttId=78516

22   행정안전부, 「2020년 전자정부서비스 이용실태조사 결과」, 행정안전부 보도자료, 2021. 3. 23., https://www.mois.go.kr/frt/bbs/type001/commonS electBoardArticle.do;jsessionid=MfkbEllzahXEm5Sq+lvfMSVT.node30?bbs Id=BBSMSTR_000000000014&nttId=83524

은 실패했다. 일본에서는 아직도 서류에 도장을 찍어야 행정이 돌아간다. 일본의 인장협회가 여전히 막강한 힘을 발휘하고 있을 뿐더러 현장의 오랜 관습이 바뀌지 않기 때문이다. 일본에서 도장을 버리지 못하니까 최근에는 아예 도장 찍는 로봇이 등장했다.[23] 로봇은 4차 산업혁명에서 주목받는 핵심 기술 중 하나이다. 4차 산업혁명을 이해할 때 세부적인 기술 몇몇에만 집착하게 되면 도장 로봇을 도입한 일본의 선택을 높이 평가할 수도 있다. 도장 문화를 유지하면서도 자신들의 강점인 로봇을 접목했으니 말이다. 그러나 디지털 행정의 편리함을 체험한 사람이라면 도장 로봇이라는 개념 자체를 의아하게 생각할 것이다. 여기서도 우리는 디지털 시대로의 전환이라는 관점이 얼마나 중요한지 알 수 있다. 날인, 즉 도장찍기라는 아날로그 행정을 로봇으로 자동화했다고 해서 디지털 행정으로 전환되지 않는다. 로봇이 도장을 찍은 문서는 여전히 이메일로 전달되지 않는다. 일본에서는 코로나19 때문에 재택근무를 하다가 상사의 도장을 받으려고 출근한다는 얘기가 우스갯소리가 아니라 현실이다.[24]

한국에서도 아직 도장을 찍어야 하는 상황이 없지는 않다. 내

---

23 장형태, [Tech&Biz] 「日, 서류에 도장 찍는 로봇… 기술의 진보? 시대의 역행?」, 조선일보, 2019. 12. 19., https://biz.chosun.com/site/data/html_dir/2019/12/19/2019121900147.html

24 정영효, 「재택근무하다 도장 찍으러 출근하는 日…'아날로그 탈출' 몸부림」, 한국경제, 2020. 10. 20., https://www.hankyung.com/international/article/2020102099061

경험을 말하자면 출판사 등과 계약서를 작성할 때 대부분 종이 계약서에 도장을 찍는 방식으로 진행했다. 사인을 해도 되지만 많은 경우 계약서에 간인이나 계인을 해야 하는데, 사인으로 하기에는 이게 쉽지 않다. 계약서 장수가 늘어나면 간인도 그만큼 많아진다. 계약서를 우편으로 받은 경우에는 날인을 마친 계약서를 내가 다시 우편으로 보내야 한다. 블록체인 기술로 암호화폐도 만드는 시대에 굳이 이런 식으로 계약서를 쓸 필요가 있을까? 재미있게도 이 책을 출판하기 위해 계약서를 작성할 때, 사계절출판사에서는 전자계약서를 보내줬다. 나는 이메일로 받은 전자계약서를 읽어 보고 전자 서명하는 것으로 계약 과정을 간단히 마쳤다. 나에게는 첫 경험이었다. 디지털 시대를 논하는 이 책은 사계절출판사와 궁합이 잘 맞는 셈이다.

세계에서 한국의 위상이 달라졌음이 가장 극명하게 드러난 것은 2021년이었다. 5월 21일 미 워싱턴에서 있었던 문재인-바이든의 한미정상회담은 한국과 미국의 관계를 이전과는 전혀 다른 수준으로 올려놓았다. 특히 한국과 미국이 이른바 반도체·배터리 동맹, 코로나 백신 동맹을 맺은 것은 특기할 만하다. 이전까지의 한미관계에서는 주로 한반도에 국한된 한국의 관심사에 대해 미국으로부터 동의를 구하는 다소 일방적인 구조였다면, 문재인-바이든 회담에서는 양국의 관심사가 한반도를 벗어나 기후 위기 등 전 지구적으로 확대되면서 각자의 단점을 보완하고 장점을 결합해 세계 문제에 공동으로 협력해 대처하는 관계로 발전했다. 이날 회담에서 합의된 '한미 백신 글로벌 포괄적 파트너십 구축'에서 드러나듯 한국은 이제 이전보다 훨씬 더 대등한 미국의 글로벌 파트너로서 포스트 코로나 시대의 새로운 밸류체인value chain을 구축해 글로벌 경제 체제의 뉴노멀 new normal을 만드는 여정에 함께 참여했다고 볼 수 있다.[25]

이런 흐름은 같은 해 6월 11일부터 영국에서 열린 G7 정상회의까지 이어졌다. 한국은 호주, 남아프리카공화국, 인도와 함께 의장국 영국의 초청국 자격으로 참석했다. 나는 경제나 외교, 국제정치에는 문외한이라 이런 결과들이 정확하게 어떤 의미인지 이해할 수는 없다. 다만 나는 한국 대통령이 G7 정상회의에 초청돼 최초로 참석하는 모습을 보며, 학창시절 국사책에서 배웠던 카이로, 포츠담 회담 등이 떠올랐다. 지난 세기에는 강대국들의 회담에 우리의 운명을 맡겨야 하는 처지였다면 이제는 우리가 강대국들의 회담에 당당한 일원으로 참석할 수 있다는 사실 자체가 기적 같은 반전으로 느껴졌다.

지금의 국제질서는 제2차 세계대전을 거치면서 바로 그 포츠담 회담 등을 통해 결정되었다고 해도 과언이 아니다. 아마도 실질적인 20세기는 그렇게 시작됐을 것이다. 그렇다면 21세기는 어떨까? 코로나19 팬데믹을 거치면서 이제는 20세기의 틀

25 이영태, [전문가진단] 「남성욱 "한·미, 2급에서 1급동맹 발전"…한미정상회담 성과와 과제」, 뉴스핌, 2021. 5. 25., https://www.newspim.com/news/view/20210524000857

로는 인류가 직면한 문제를 해결할 수 없음이 드러났다. 기존의 선진국으로 불리던 나라들이 코로나19에 무력한 모습이나 미국이 우리와 손잡고 반도체·배터리 동맹을 맺으려고 하는 것도 같은 맥락이지 않을까? 이런 관점에서 보자면 2021년의 G7 정상회의는 팬데믹 이후의 세계질서를 결정하는 매우 중요한 분기점이 될지도 모른다. 아마도 실질적인 21세기는 팬데믹 이후의 세계질서로부터 시작될 것이다. G7은 이제 21세기의 세계를 이끌기에는 역부족이다. 이미 미국, 영국 등을 중심으로 G7을 대체하는 G10, D10[10 leading Democracies]을 새로 꾸리자는 논의들이 나오고 있다. 물론 오늘내일 새로운 틀이 만들어지지는 않겠지만, 그런 질서를 만들어 가는 바로 그 자리에 한국의 대통령이 초청받아 참석한 것이다.

2021년 7월에는 유엔무역개발회의UNCTAD에서 한국이 그룹A(아시아·아프리카)에서 그룹B(선진국)로 지위가 변경되었다.[26] 말하자면 한국이 '공식적으로' 선진국의 지위에 오른 것이다. UNCTAD에서 선진국으로 지위가 변경된 것은 한국이 최초이다. 5월 한미정상회담과 6월 G7, 그리고 7월의 UNCTAD까지, 세세한 사항에서는 이런저런 논평과 평가의 여지가 있을 수 있겠지만 큰 흐름으로 봤을 때 한국의 위상이 대한민국 건국 이래

---

26   외교부 국제경제국, 「대한민국, 유엔무역개발회의(UNCTAD) 선진국 그룹 진출」, 외교부 보도자료, 2021. 7. 4., https://www.mofa.go.kr/www/brd/ m_4080/view.do?seq=371327

(아마도 단군 이래) 완전히 새로운 단계로 접어들고 있음은 부인하기 어렵다. 훗날 2021년은 대한민국의 역사에서 커다란 변곡점으로 기억되지 않을까 싶다.

대중문화에서도 그동안 놀라운 변화가 일어났다. 1990년대에 대학을 다닌 내 또래는 「공각기동대」, 「천공의 성 라퓨타」, 「러브레터」 등 일본의 애니메이션과 영화 세례를 받은 세대이다. 다른 모든 분야와 마찬가지로 일본의 대중문화는 우리에겐 이른바 '넘사벽'으로 느껴졌다. 내 세대는 어릴 때부터 「마징가Z」나 「은하철도999」, 「미래소년 코난」 등을 열광적으로 보고 자란 세대이다. 일본 만화, 애니메이션, 음악 등을 너무 많이 보고 들어서 그 과정에서 자연스럽게 일본어를 배우는 사람도 적지 않았다. 그래서 김대중 대통령이 일본 문화 개방을 추진했을 때 국내 대중문화가 잠식당할 것이라는 우려와 두려움이 아주 컸다. 그러나 그 두려움은 기우였다. 90년대에 처음 등장한 '한류'는 21세기 들어 진화를 거듭하며 다방면에서 놀라운 성과를 내고 있다.

코로나 시대의 일본 Z세대(1990년대 중반~2000년대 초반 생) 사이에는 이른바 '도칸곳코', 즉 '한국여행놀이'가 유행이라고 한다. 친구들과 호텔방에 모여 한국 음식을 먹으면서 한국드라마나 뮤직비디오 등을 보며 한국으로 여행 간 기분을 낸다는 것이다.[27] 일본의 Z세대는 한국을 일본과 대등한 나라, 또는 일부 분야에서는 앞서는 나라로 인식하는 첫 세대로서 기존의 TV나 신문보다 유튜브와 SNS 등의 뉴 미디어에 훨씬 더 익숙한 세대이다. 일본의 J팝은 내수 시장에 만족하며 정체된 반면 한국의 K팝은 일찍이 국내 시장의 한계를 넘어 세계 시장을 겨냥해 글로벌 경쟁력을 갖추기 시작했다. BTS와 블랙핑크는 현재 전 세계 팝음악 시장에서 가장 잘 나가는 원투펀치이다. 한국의 JYP 엔터테인먼트가 한국식 시스템으로 발굴하고 육성한 일본의 걸그룹 니쥬NiziU가 데뷔하자마자 오리콘 차트 1위를 기록하는 등 큰 성공을 거둔 것은 시사하는 바가 크다. 니쥬의 성공을 목격한 일본의 Z세대가 한국을 동경하는 것은 오히려 자연스러운 일이다.

BTS는 2020년 미국 빌보드 3개 주요 차트(빌보드 200, 핫 100, 아티스트 100)를 동시 석권했는데, 이는 그룹으로서는 사상 최초이다. 이 해에 발표한 인기곡 「다이너마이트Dynamite」 뮤직비디오는 유튜브에서 24시간 최다 시청 비디오 및 최다 동시 시청자 수를 기록했다. 2021년 5월 발표한 신곡 「버터Butter」는 「다이너마이트」를 넘어서고 있다. 발표와 함께 '빌보드 핫100' 1위를 무려 7주 동안 유지했고, BTS 자신의 후속곡 「퍼미션 투 댄스Permission to Dance」에 1위를 물려준 뒤 다시 1위를 탈환했다.

---

27   한국관광 데이터랩, 「일본, Z세대를 중심으로 '한국여행 놀이' 인기」, 2021. 6. 24., https://datalab.visitkorea.or.kr/site/portal/ex/bbs/View.do;ksessionid =-uffnS_abUh9tcCRUv67EN-wj48h08gEyS0sMraS.wiws02?cbIdx=1132&b cIdx=297517&cateCont=&searchKey=&searchKey2=&tgtTypeCd

봉준호 감독의 영화「기생충」은 2020년 미국 아카데미 시상식에서 오스카상 4관왕에 올라 아카데미의 역사를 다시 썼다. 2021년에는 정이삭 감독의 영화「미나리」가 아카데미 주요 부문 후보로 선정되었고 배우 윤여정은 아카데미 여우조연상을 수상했다. 드라마「킹덤」과 영화「승리호」는 세계 최대 영상 플랫폼인 넷플릭스에서 세계적으로 큰 인기를 끌었다. 한국국제교류재단에 따르면 2020년 9월 기준으로 전 세계 한류 동호회 원이 1억 명을 돌파(1억 477만 명)했다. 전년 대비 5.5% 늘어난 수치이다.[28]

여기서 우리는 팬데믹을 경과하며 한국이 주목받는 이유와 의미를 생각해 볼 필요가 있다. K방역이 세계적으로 평가받는 이유는 단지 감염 확산을 차단했다는 결과가 좋았기 때문만이 아니다. 수치적으로만 확진자나 사망자를 줄이려면 극단적인 봉쇄 조치를 취하면 된다. 실제 뉴질랜드는 전면 봉쇄 수준을 오르내리는 방역으로 확진자 수를 줄일 수 있었다. 가장 극단적으로 봉쇄 조치를 취한 나라는 중국과 북한이다. 중국은 강력한 봉쇄와 통제를 통한 방역 성공을 자신들의 공산주의 체제의 장점으로 선전하기도 했다. 방역 자체만 놓고 보자면 권위주의 정권의 강제력이 당연히 효과적이다. 그러나 이런 조치는 의학이

---

28   강성철,「코로나19 시대에 더 빛난 한류, 세계 팬 1억 명 돌파」, 연합뉴스, 2021. 1. 14., https://www.yna.co.kr/view/AKR20210114098500371

발달하지 않은 중세시대에도 했던 방식이다. 즉, 물리적 봉쇄와 통제에만 기대는 방식은 다른 어떤 선택의 여지가 없다는 방증에 다름 아니다. 그와 달리 강압적인 봉쇄와 통제에 의존하지 않고서도 과학적이고 민주적인 방식으로 방역에 성공할 수 있음을 보여 준 나라는 한국이 거의 유일하다. K방역의 핵심은 방역 성공이라는 결과라기보다 그런 결과를 이끌어 내기 위한 과학적이고 민주적인 방식이었다.

중국은 자신들의 뛰어난 안면 인식 기술을 시민 통제에 적극 활용하는 것으로 유명하다. 통제와 방역의 효율성만 놓고 본다면 확실히 합의와 동의, 사생활·개인정보 보호 등의 가치는 무시하는 편이 낫다. 어쩌면 중국의 뛰어난 안면 인식 기술은 효율적인 통제를 최고의 가치로 여기는 중국 공산당의 철학이 반영된 결과가 아닐까 싶다. 인공지능이라는 기술을 현실화할 때 시민들을 감시하고 통제하는 쪽으로 발달시킬 수도 있는 반면 불특정 다수의 이익을 우선에 둘 수도 있다. 같은 중국에서도 폐의 단층 촬영 결과를 분석해 코로나19 감염 여부를 판단할 수 있는 인공지능을 개발했고, 캐나다의 인공지능 의료 스타트업 블루닷은 WHO보다 빨리 코로나19 바이러스의 확산을 예측했다.[29]

---

29 차미영, 「인공지능으로 코로나-19 바이러스 진단·예측」, 기초과학연구원 뉴스센터, 2020. 3. 12., https://www.ibs.re.kr/cop/bbs/BBSMSTR_0000 00000971/selectBoardArticle.do?nttId=18201&pageIndex=1&searchCnd= &searchWrd

중국의 체제에 동의할 수 없는 서구 나라들이 한국을 방역의 모범사례로 꼽은 것은 이런 이유 때문이다. 흔히 우리는 산업화와 민주화에 함께 성공했다고 하는데, 팬데믹을 겪으면서 자부심을 가져도 좋을 지점은 우리가 '민주주의와 방역'이라는, 언뜻 보기에 모순된 가치, 아니 현실의 다른 선진국들에서 크게 충돌했던 두 가치를 비교적 성공적으로 조화시켰다는 점이다. 이건 쉬운 일이 아니다. 모순된 가치를 조화시키기 위해서는 민주주의에 대한 믿음과 함께 한국 수준의 IT기술과 인프라가 일단 전제돼야 한다. 산업화, 민주화, 정보화에 모두 성공한 보람이랄까, 한국이 작성한 방역 매뉴얼은 이제 국제 표준이 되었다. 다른 나라들이 따라서 배우는 일종의 교과서를 작성한 셈이다. 지금까지 거의 대부분의 영역에서 남들이 정해 놓은 규칙을 따르기만 했던 우리가 새로운 규칙을 만들기 시작했다는 점에서 K방역의 성과는 아무리 강조해도 지나치지 않다.

역설적이게도 대부분의 국내 언론이 K방역을 깎아내린 반면 외신들은 이구동성으로 한국의 성공 사례를 폭포수처럼 기사로 쏟아 냈다. 그중에서 오스트리아의 비너차이퉁이 분석한 한국의 성공 비결이 눈길을 끌었다. 국내 언론에 소개된 바에 따르면 한국의 '과학에 대한 높은 이해가 대유행을 막는 데에 큰 도움이 됐을 것'으로 분석했다.[30] 한국이 과학에 대한 이해가 높다는 것을 어떻게 이해해야 할까? 지금까지 우리가 이런 평가를 들은 적이 별로 없기 때문에 나 또한 꽤나 혼란스럽다. 다만 한국의 기초과학 수준이 갑자기 높아졌다거나 문화로서 과학의 폭과 깊이가 순식간에 개선되지는 않았을 것이다. '눈을 떠 보니 선진국'이라고 해서 벼락처럼 'The One'이 된 것은 전혀 아니다. 2020년 5월 영국의 「네이처인덱스」는 한국 과학계를 다룬 특집호에서 코로나19 방역에 한국이 성공한 요인으로 정부 주도의 강력한 R&D 투입을 꼽았다. 그러면서도 창의적인 연구가 어려운 환경, 기초과학의 소외, 양적 평가의 한계 등을 개선점으로 꼽으면서 삼성 같은 대기업이 기초과학연구에 투자하도록 권하고 있다.[31] 어쩌면 '과학에 대한 높은 이해'란 한국식 교육이 원래 목표했던 바를 충실히 달성한 사례 중 하나가 아닐까 싶다. 이와 비슷한 사례가 예전에 있었다. 오바마 전 미국 대통령은 연설에서 한국 교육이 우수하다고 여러 차례 논평해 우리를 어리둥절하게 했었다.

창의적으로 새로운 지식을 만들어 내는 능력은 아직 부족하지만 있는 지식을 잘 습득해서 현실에 적용하는 기특한 능력이 코로나19 방역에서 큰 힘을 발휘한 것이다. 사실 한국만큼 손씻기와 마스크쓰기, 거리두기 등의 기본방역수칙을 잘 지킨 나라도 많지 않다. 우리보다 우월하다고 느꼈던 서유럽 선진국 사람

---

30 전성훈, 「다시 K-방역 주목하는 유럽…"오만함 버리고 한국 배워야"」, 연합뉴스, 2020. 10. 31., https://www.yna.co.kr/view/AKR20201031049500109

31 김시균, 이종화, 「네이처도 놀란 K방역…한국과학계 이례적 집중조명」, 매일경제, 2020. 5. 27., https://www.mk.co.kr/news/it/view/2020/05/544565/

들의 일상 모습은 마스크쓰기나 거리두기와는 거리가 멀었다. 암기식이든 주입식이든 어쨌든 결과로서의 지식을 수용하는 능력은 높은 교육 수준 덕분에 평균적으로 뛰어난 것이 사실이다. 지금 우리는 그런 20세기적인 교육 방식으로 할 수 있는 최상의 결과를 내고 있는 셈이다. 그 속에서 일부는 양질전화가 일어나 우리가 새로운 방역 매뉴얼을 작성하기까지 이르렀다. 따라서 K 방역의 성공은 우리가 안주할 현실이라기보다 이런 성공이 지속 가능하도록 제도와 시스템을 혁신할 출발점으로 삼아야 한다.

또한 단지 과학을 잘 이해하는 것만으로는 방역에 성공할 수 없었을 것이다. 이해한 것을 실천하는 것은 민주적이고 자율적인 시민의식이 받쳐 줘야 가능하다. 「시사IN」이 2020년 6월에 조사 분석한 바로는 놀랍게도 이 시민의식은 '자유주의자인가 공동체지향적인 집단주의자인가'라는 단순한 이분법을 넘어 '자유로운 개인인 동시에 공동체에 기여하고자 하는 시민'에서 나오는 것이었다.[32] 여기서 우리는 '민주주의와 방역'에 이어 또다시 '공동체에 기여하는 자유로운 개인'이라는 모순된 가치의 조화를 발견할 수 있다. 아마도 이 둘은 팬데믹을 거치면서 우리가 세계 처음으로 실현시킨 형용모순일 것이다. 우리가 '눈을 뜨고 보니 선진국'이 됐다는 것은 또 다른 의미에서 '그들(선진

---

32   천관율, 「코로나19가 드러낸 '한국인의 세계'-의외의 응답편」, 시사IN, 2020. 6. 2., https://www.sisain.co.kr/news/articleView.html?idxno=42132

국 또는 G10) 중 하나'가 됐다는 뜻이다. 그러나 진정으로 선진국이 되려면 거시경제지표나 몇몇 뛰어난 아티스트들의 활동에만 기대서는 안 된다. 주체적으로 우리 주변과 세상을 파악하려는 의지와 능력이 있어야 한다. 이는 앞서 말했던 NIV의 정신이기도 하다. 우리가 처음으로 모순된 가치의 조화를 실현한 경험은 그래서 무척 소중하다. 우리의 생물학적 지능이 제대로 작동해야 향후 인공지능과의 평화로운 공존, 또는 둘 사이의 초협력이 가능하다.

나는 「시사IN」의 '자유로운 개인인 동시에 공동체에 기여하고자 하는 시민'이라는 표현을 보면서 과학자 집단을 떠올렸다. 과학자들이야말로 가장 개성이 강하고 자유로운 개인이지만 동시에 과학자 공동체와 인류 전체에 대한 학문적 기여라는 이상도 함께 품고 있는 사람들이다. 그러니까 코로나19 팬데믹 과정에서 경험한 시민의식은 우리가 과학, 그리고 과학의 원리로서의 NIV(자유로운 개인)와 초협력(공동체에 기여)의 철학을 새롭게 받아들일 수 있는 훌륭한 토대로 작용할 것이라 기대한다.

나는 여기서 새로운 희망을 느낀다.

2021년 5월의 한미정상회담과 6월의 G7 정상회의를 지켜보면서 나는 대한민국이 건국 이래 완전히 새로운 단계로 진입하기 시작했다는 느낌을 받았다. 한류는 이제 K팝, K드라마, K영화, K뷰티, K푸드 등 전방위로 확산되고 있다. 특히 코로나19 팬데믹 기간 중에 한국의 콘텐츠가 유튜브와 넷플릭스 같은 플랫폼을 타고 전 세계에서 큰 인기를 끌었다는 사실은 우연이라기보다 필연에 가깝지 않을까? 세부적인 사항에서는 다소 간의 부침이 있겠지만 경제, 외교, 문화 등 다방면에서 한국이 주류 국가로 발돋움하기 시작했다는 큰 흐름을 거스를 수는 없을 것이다. 그에 따라 좋든 싫든 우리에게는 이미 G7 또는 이상의 기대와 요구도 쏟아질 것이다. 높아진 지위에는 그에 걸맞은 책임이 따르기 마련이다.

여의도에서는 어떤 정치인이 대권 도전을 선언하며 G3 진입을 공약하기도 했다. 팬데믹을 겪으며 '눈을 떠 보니 선진국'이 된 데다 경제지표는 G7까지 찍었으니 내친 김에 네 단계 더 올라서자는 말이 나올 법도 하다. 한국이 지도적인 중견국가로서 G7 또는 그 이상의 역할을 하려면 경제지표를 넘어서는 덕목이 필요하다. 바로 전 세계 다른 나라들과 더불어서 함께 상생하는 리더십이다. 지금까지는 미국이나 유럽의 선진국들만이 주로 이런 역할을 수행하는 데에 익숙했다. 그래서 미국은 접종 초기에 코로나19 백신을 자국에만 쌓아 놓고 다른 빈국들의 처지를 무시한다는 세계 여론의 비난을 들어야만 했다. 선진국이 된다는 것은 거시경제지표 몇몇이 세계적인 수준으로 올라갔다는 사실 이상을 뜻한다. 가진 능력에 비례하는 국제적인 책임을 적극 떠안지 못한다면 졸부 이상의 취급을 받기 어려울 것이다.

여기서 우리는 지금까지 다소 소홀하게 여겼던, 한 국가가 지향하는 '가치'와 '철학'에 주목하지 않을 수 없다. 같은 미국이라도 트럼프의 미국과 바이든의 미국은 다르다. 트럼프가 추구했던 미국 우선주의는 지금까지 지적했던 '나 혼자 살아남기'와 똑같다. 반면 바이든의 동맹중시정책은 '다 함께'에 가깝다. 문재인과 바이든 두 대통령이 첫 정상회담에서 서로 궁합이 잘 맞았던 이유는 문재인 대통령이 한국을 넘어서 인도-태평양 지역, 그리고 세계의 다른 취약 지역에서의 코로나 백신 공급 문제와 글로벌한 팬데믹 극복에 깊은 관심을 가졌기 때문이다. 이는 바이든 대통령이 지향하는 가치와 맞아 떨어진다. 바이든 행정부는 전 세계 백신 수급의 문제를 해결하기 위해 제약회사들의 백신에 대한 지적재산권(지재권) 해제를 지지하고 나서기도 했었다. 이 조치가 실질적으로 백신 수급에 얼마나 도움이 되는지 여부를 떠나서 바이든의 미국이 적어도 명목상으로는 어떤 가치를 추구하는지 엿볼 수 있다.

만약 한국의 제약회사들이 코로나 백신을 가장 많이 생산하고 있는 상황이라면 우리나라 정부가 과연 백신 지재권 해제를 지지할 수 있을까? 그 선택을 한국의 언론과 국민 여론이 받아들일 수 있을까? 아마 쉽지 않을 것이다. 특히나 국내에서 치열한 경쟁과 약육강식의 논리만 횡행한다면 대외정책 또한 트럼프 식의 자국우선주의를 벗어나기 어렵다. 일부 언론에서는 팬데믹 첫해인 2020년 우리가 코백스 퍼실리티(WHO 등의 백신 공동구매 및 배분 계획) 공급에 집중하는 바람에 한국의 백신 확보가 상대적으로 늦어졌다고 질타했다. 이 보도 내용의 진실성과 인과관계는 따로 살펴봐야겠지만, 코로나19 상황이 유럽과 미국을 중심으로 심각해지면서 이른바 '백신 민족주의' 또는 '백신 국수주의'가 발호한 것도 사실이다. 급하면 자기 나라 잇속부터 챙기는 것이 냉엄한 국제질서의 현실이다. 그러나 결국 글로벌한 팬데믹을 끝내려면 말 그대로 전 지구적인 협력도 반드시 필요하다. 우리 급한 불을 끄는 것이 우선이긴 하겠으나 팬데믹 이후의 신질서에 대한 전략적인 고민도 하지 않을 수 없다. 중요한 것은 그 균형점을 찾는 것이다. 우리 내부적으로 초협력을 통한 상생공존의 길을 모색하는 흐름이 전혀 없다면 그런 전략적인 사고를 만들어 낼 수 없다. 팬데믹을 겪으면서 우리가 체득한, 앞서 언급했던 모순된 가치의 조화를 적극 살려 나가야 하는 또 다른 이유가 여기 있다. 결국 G7 이상의 국가로 도약하기 위해서는 단지 지표상으로 1인당 GDP가 높아지는 것 이상의 덕목을 갖춰야만 한다.

우리 내부를 한번 들여다보자. 한국은 '다이내믹 코리아'라는 말에 익숙한 한국 사람들조차도 따라가기 힘들 정도로 하루가 다르게 급변하는 사회이다. 이런 사회에서는 좀 더 긴 시간 척도에서의 전환기라는 말이 무색할지도 모르겠다. 세상이 너무도 빨리 바뀌고 있어서 선배 세대의 낡은 노하우가 후속 세대에게 그리 절실하지도 않다고 한다. 오히려 빠른 변화를 따라가지 못하는 낡은 제도와 시스템이 우리의 전진을 발목 잡는 장애물이 될 수도 있다.

이런 맥락에서 생각해 봐야 할 두 가지 전환의 계기가 있다.

첫째는 헌법 개정과 맞물린 제7공화국의 출범이다. 현행 헌법은 1988년에 개정된 이래 30년 넘게 유지되고 있다. 시행 기간 자체가 문제랄 것은 없겠으나 군사독재에서 벗어나 민주주의를 제도적으로 안착시키던 시기와 민주주의가 성숙한 지금은 여러 가지 면에서 많이 다르다. 정치권이나 언론에서는 주로 대통령과 국회 등 핵심적인 권력구조의 변화에만 관심이 많다. 경제민주화나 지방분권 강화 등도 오랜 논제였다. 과학계에서는 제127조 1항의 삭제나 수정을 요구해 왔다. 제127조 1항은 "국가는 과학기술의 혁신과 정보 및 인력의 개발을 통하여 국민경제의 발전에 노력하여야 한다."이다. 이 조항에서는 우선 '과학'이 아닌 '과학기술'이라는 단어가 보여 주듯 기술 중심적인 사고가 들어 있다. 또한 이 모든 것이 '국민경제의 발전'을 위한 수단에 불과해 그나마 과학기술 자체의 가치와 존재 의의도 찾기 어렵다. 게다가 제127조는 '제9장 경제'에 속해 있는 조항이다. 오직 경제발전이 국가의 중요한 과제였던 시절의 흔적이 역력히 남아 있다.

헌법을 바꾸는 개헌은 표면적으로는 법조문을 바꾸는 일이지만 그건 최종적인 단계에서 결과물로 나오는 것이다. 보다 근본적으로 중요한 것은 헌법을 개정해 새로운 공화국을 출범시킴으로써 우리가 추구하는 가치와 철학이 무엇인지를 함께 논의하고 합의하는 일이다. 나는 법을 잘 모르는 사람이라 구체적으로 어떤 조항이 어떻게 바뀌어야 하는지는 잘 모른다. 언제 개헌 논의가 다시 시작될지도 기약이 없다. 다만 제7공화국을 준비하는 작업이 단지 헌법 개정으로 형해화되지는 말았으면 좋겠다. 예컨대 분권화된 네트워크를 통한 초협력이라는 개념이 사회적으로 체화되고 합의되지 않은 상태에서는 지방분권이 헌법에 명시되더라도 변화하는 시대상을 온전히 담아 내기 어렵다. 과학과 과학기술의 온전한 의미와 가치를 인식하지 못한다면 개정 헌법에서도 여전히 무언가를 위한 수단으로 남아 있을 것이다. 다른 한편으로 제도와 시스템이 받쳐 주지 않으면 변화하는 시대에 능동적으로 대처할 수도 없다. 실체적인 논의와 제도 개선은 유기적으로 결합되어 병행돼야 한다.

반대로 4차 산업혁명과 팬데믹이라고 해서 특정 기술에만 관심을 두는 것도 낭패다. 이 시기를 관통하면서 우리가 추구하려는 가치지향점을 메타인지적으로 살펴보고 이를 구현하기 위한 융합적인(철학, 제도, 시스템, 물적 토대 등을 아우르는) 통찰력을 발휘해야 한다. 제7공화국이 어떤 모습이어야 할지를 그 속에서 도출할 수 있어야 한다. 그 최종적인 결과가 개헌이라는 모습으로 드러날 것이다.

둘째는 한반도 냉전구조의 해체이다. 한반도는 세계에서 유일하게 남아 있는 냉전의 잔재이다. 지금의 정전체제가 얼마나 지속될지는 아무도 모른다. 다만 이 어정쩡한 '전쟁 일시 중단 상태'가 남북한 모두에게 질곡으로 작용하고 있음(천문학적인 국방비와 징병제만 해도)은 명백한 사실이다. 한반도 문제에는 온갖 외교, 군사, 안보적인 요소들이 다 엮여 있지만(그건 해당 분야 전문가들이 일차적으로 해결할 문제이다) 초연결과 초협력의 관점에서 보자면 북한은 단절과 대결의 대상이 아니라 연결과 협력의 대상이다. 전자가 20세기의 시각이라면 후자는 21세기의 시각이다. 물론 현실에서는 연결과 협력을 위한 조건들(북핵문제를 포함해서)이 여럿 있을 것이다. 그러나 관점의 변화만으로도 새로운 상상력을 발휘할 수 있다. 북한과의 연결은 곧 대륙과의 연결이므로 그 의미가 간단치 않을 것이다.

20세기적인 단절과 대결의 관점에서는 서로가 상대를 절멸과 병합의 대상으로 인식했다. 그래서 각자의 '통일 방안'이 어떠한지가 중요한 이슈였다. 연결과 협력의 관점에서는 당장의 통일보다 1민족 2국가 체제의 평화로운 공존상생이 중요한 화두이다. 이것이 현실에서 어떤 모습으로 가능할지는 일차적으로 우리의 상상력과 노력에 달려 있다. 여기서 우리는 한반도 문제를 우리 자신의 시각으로 인식하고 해결하려는 '초지능성'을 갖춰야 한다. 전시작전통제권도 '우리의 지능'에 속하는 문제다. 우리가 우리 주변 환경을 주체적으로 판단하고 결정권을 가져야 함은 당연하다. 게다가 한반도 문제를 가장 잘 아는 사람은 한국인이다. 우리가 주체적으로 우리의 지능을 작동시켜 한반도의 미래를 설계하지 않으면 한반도는 또 다시 주변 강대국들의 이권 쟁탈 전장으로 전락할 뿐이다.

방금 살펴보았듯이 제7공화국이든 한반도 문제든 세부적인 사항들은 해당 전문가들의 몫이겠지만 이런 큰 주제들도 초지능성과 초연결성의 마인드로 바라보면 새로운 시각을 가질 수 있다. 결국 4차 산업혁명에 대처한다는 것은 그 핵심 철학을 현실의 모든 면에 투사해 보는 것으로부터 시작된다. 그리고 그 기본 철학은 과학이 성공한 근본 원리와 맞닿아 있다.

여기서 나는 새 시대를 준비하기 위해 과학의 마인드를 갖추는 것이 대단히 중요한 요소임을 강조하고 싶다. 지금까지 한국 사회를 이끌어 온 주요 담론은 정치경제학의 담론이었다. 민주화를 실현하는 과정에서 정치경제학의 담론은 큰 역할을 했지만 이제는 제6공화국과 함께 그 시대적 소임을 마감했다. 21세기에 우리가 마주하는 기후 위기, 젠더 갈등, 팬데믹, 에너지 전환, 우주 경쟁, 그리고 4차 산업혁명 등은 정치경제학의 담론만으로는 대처하기 어렵다. 이제는 그만큼이나 과학의 마인드를 균형감 있게 갖춰야 한다. 특정 기술이나 구체적인 현안에 대한 전문지식을 갖추라는 뜻이 아니다. 그건 애초에 불가능한 일이다. 지금까지 말해 왔듯이 이제는 구체적인 지식보다 새로운 환경에 대처할 수 있는 플랫폼을 스스로 작동시킬 수 있어야 한다. 여기에 과학의 원리가 들어간다. 데이터를 중시하는 증거 기반의 거버넌스를 구현하는 출발점이기도 하다. 공교육에서는 이미 전 세계에서 거의 유일하게 남아 있던 문과와 이과의 구분도 사라졌다. 미래의 지도자가 되려는 사람은 이 점을 명심해야 한다.

4차 산업혁명과 팬데믹이라는 큰 물결에 휩쓸리지 말고 한 발 물러서서 전체적인 흐름의 근본적인 의미를 되돌아볼 수 있다면, 어쩌면 우리는 네 번째 산업혁명을 넘어 한반도 전반을 아우르는 '그랜드 레볼루션Grand Revolution'으로 나아갈 수도 있을 것이다. 그 성공 여부는 지금 우리가 어떤 관점과 마인드를 선택하느냐에 달려 있다. 팬데믹이 끝나고 우리가 다시 돌아갈 일상은 옛날과 같은 일상일 수도 없고 그래서도 안 된다. 새로운 일상으로서의 '뉴노멀new normal'을 지금부터 준비해야 한다.

우리의 태도가 과학적일 때

2021년 9월 7일 1판 1쇄
2022년 8월 30일 1판 2쇄

지은이 이종필
편집 최일주, 이혜정, 김인혜 | **디자인** 김민해
마케팅 이병규, 양현범, 이장열 | **홍보** 조민희, 강효원 | **제작** 박흥기
인쇄 코리아피앤피 | **제책** J&D 바인텍

펴낸이 강맑실 | **펴낸곳** (주)사계절출판사 | **등록** 제406-2003-034호
주소 (우)10881 경기도 파주시 회동길 252
전화 031)955-8588, 8558 | **전송** 마케팅부 031)955-8595, 편집부 031)955-8596
홈페이지 www.sakyejul.net | **전자우편** skj@sakyejul.com
트위터 twitter.com/sakyejul | **페이스북** facebook.com/sakyejul
인스타그램 instagram.com/sakyejul | **블로그** blog.naver.com/skjmail

ISBN 979-11-6094-734-2 03400